BIBLIOTHÈQUE GÉNÉRALE DE GÉOGRAPHIE

LA

GÉOGRAPHIE LITTORALE

PAR

Jules GIRARD

SECRÉTAIRE-ADJOINT DE LA SOCIÉTÉ DE GÉOGRAPHIE

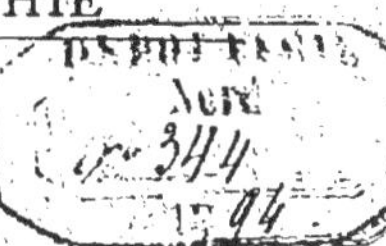

PARIS

SOCIÉTÉ D'ÉDITIONS SCIENTIFIQUES

PLACE DE L'ÉCOLE DE MÉDECINE

4, RUE ANTOINE-DUBOIS, 4

1895

LA GÉOGRAPHIE LITTORALE

LA

GÉOGRAPHIE

LITTORALE

PAR

Jules GIRARD

SECRÉTAIRE-ADJOINT DE LA SOCIÉTÉ DE GÉOGRAPHIE

PARIS

SOCIÉTÉ D'ÉDITIONS SCIENTIFIQUES

PLACE DE L'ÉCOLE DE MÉDECINE

4, RUE ANTOINE-DUBOIS, 4

1895

LA GÉOGRAPHIE LITTORALE

En Géographie, les objets de nos recherches doivent être groupés; leur rapprochement et leur comparaison permettant seuls d'obtenir des notions correctes. La Terre doit être envisagée, comme le ferait un anatomiste qui, voulant connaître l'ensemble d'un corps organisé, rechercherait la disposition, la structure et les rapports des divers organes qui le composent; car les continents et les mers font partie de l'ensemble dont il faut chercher les relations avec chaque élément.

Le rivage de la mer n'apparaît dans les grands traits caractéristiques de la construction du globe, que comme un accident nécessaire dans la délimitation des deux éléments; l'un liquide, l'autre solide. Les géographes s'en préoccupent particulièrement dans le tracé des cartes pour représenter la configuration des terres, sans accorder cependant à cette ligne séparative, toute l'attention que méritent les phénomènes dont elle est le théâtre.

Les mers entourant la terre agissent perpétuellement sur elle, la remaniant sans cesse par le mouvement des eaux. Les flots impétueux unis aux courants, sont de redoutables ennemis, en même temps que de robustes esclaves, ayant un rôle d'agents désorganisateurs, mais en même temps d'agents reconstituants, rétablissant plus loin ce qui a été détruit. L'Océan emporte des matériaux qu'il dépose sur d'autres points; mais son procédé change dans ses détails selon la nature des lieux et les circonstances locales où se livrent les combats. Tantôt il transporte les alluvions amenées par les fleuves depuis le flanc des glaciers, en les répartissant suivant leur densité sur différents points de la côte; tantôt, il les laisse inertes au bord de son domaine pour former les plaines alluviales des deltas.

Girard, 1.

Il résulte de cet ensemble de forces hydrauliques, combinées suivant les manières les plus variées, depuis les époques les plus reculées, une profonde influence sur la surface de la terre. Grandiose dans sa simplicité d'exécution, infinie dans le développement de ses moyens, il a changé des étendues considérables dans leur physionomie et leur constitution.

En comparant le présent avec le passé, en rapprochant les faits accomplis de ceux qui s'accomplissent chaque jour, on voit que les terres n'ont pas été brusquement submergées, ni que les mers n'ont pas été comblées par des bouleversements ; mais que les terres ont remplacé les mers et réciproquement, par une suite non interrompue d'érosion et d'alluvions. La dégradation de la terre si évidente à sa surface, s'opère par les mêmes voies : les rivages sont érodés par un procédé de sculpture propre à chaque région, d'où il est résulté des inégalités topographiques variables pour chacune d'elles. Le mouvement des eaux marines combiné avec celui des fleuves met en évidence ce principe de transformation de la croûte terrestre : « Rien ne se perd, rien ne se crée ». Il n'existe pas de déperdition dans la matière, le poids ne s'altère pas ; il n'existe qu'une évolution dans la forme.

La chronologie des temps géologiques est soumise à des causes tellement multiples qu'il est impossible de les analyser toutes. Les mouvements d'affaissement et d'élévation du sol, sont d'une telle ampleur qu'avec l'inexactitude de nos points de comparaison, les agissements de la nature à des époques si reculées restent enveloppés d'un secret inviolable. Mais la comparaison des faits qui s'accomplissent sous nos yeux, avec ceux qui paraissent s'être passés à des époques relativement récentes, jette une parcelle de lumière sur l'histoire si obscure des transformations considérables provoquées par les phénomènes de destruction et de reproduction.

Combinées entre elles, l'érosion et l'alluvion donnent naissance à plusieurs actions mécaniques, dont les principaux facteurs seront examinés, sous le rapport de la géographie littorale, dans les divisions suivantes : Le mouvement des eaux de la mer ; la genèse des plages ; le régime des embouchures ; les évolutions locales des côtes.

I

LES MOUVEMENTS DES EAUX DE LA MER

Le niveau des mers. — L'eau est, après l'air, le plus léger et le mobile de tous les corps, composant la croûte superficielle de notre globe. Aussi est-elle influencée par la pression et l'attraction. Le problème de la position exacte de la surface océanique par rapport au sphéroïde terrestre renferme donc des éléments complexes. La stabilité de cette surface qui s'étend sur les deux tiers du globe comporte des facteurs positifs et négatifs souvent en désaccord. Sans tenir compte des phénomènes qui provoquent des variations passagères tels que les vents, les courants, les marées, effets locaux dépendant de circonstances particulières, des travaux récents ont indiqué des différences dans la parfaite planimétrie du niveau océanique.

La hauteur des marées et les variations de niveau se déterminent au moyen du marégraphe, instrument automatique, dont les points les plus importants de nos côtes sont pourvus. Il se compose d'un flotteur creux en cuivre plongeant dans un puits mis en communication avec la mer par une galerie creusée à une profondeur inférieure au niveau des plus basses mers. Ce flotteur actionne, par l'intermédiaire d'un système de poulies, une tige horizontale portant à son extrémité un stylet, qui s'appuie sur un cylindre mû par un mouvement d'horlogerie ; une bande de papier reçoit le tracé gravé automatiquement par le stylet.

M. Ch. Lallemand, inspecteur général du service du nivellement de France, a organisé à Marseille un médiamarémètre, appareil très simple donnant directement le niveau cherché et les fractions. Il est basé sur ce fait qu'une onde liquide se transmettant par un canal capillaire, ou mieux à travers une paroi poreuse, diminue d'amplitude et se trouve retardée dans ses phases, sans que le niveau moyen éprouve de changement.

Des médiamarémètres fonctionnent aujourd'hui sur les côtes de la Manche, de l'Océan et de la Méditerranée, ainsi que sur celles des pays étrangers et tous ces postes sont reliés au réseau général des nivellements de précision de l'Europe; de sorte que les hauteurs du niveau moyen dans les différents ports peuvent être comparés à une même origine.

Avant l'organisation de la géodésie de précision, on établissait un *niveau moyen*, seule base des nivellements ; dans la pratique, il était la résultante de la moyenne de toutes les hautes et basses mers obtenues pendant une année ; mathématiquement, ce serait une moyenne de toutes les hauteurs relevées de quart d'heure en quart d'heure, résultat de l'intégrale de la courbe tracée par le marégraphe ; c'est alors le *niveau d'équilibre*.

L'expression : niveau moyen, est relative puisqu'elle n'a rien de constant sur les côtes, où le niveau peut varier avec chaque localité. Il est donc nécessaire dans chaque opération géodésique de spécifier le point de départ et d'arrivée, afin de pouvoir tenir compte des différences.

D'intéressants résultats ont été obtenus au moyen de la détermination plus précise du niveau de la mer au moyen des médiamarémètres multipliés sur les côtes. M. Ch. Lallemand a réussi à prouver que la plupart des mers qui baignent l'Europe ont le même niveau à quelques centimètres près. Cette constatation est venue détruire une croyance contraire, qui, jusqu'ici, paraissait solidement établie.

Toutes les altitudes de France étaient rapportées au niveau moyen établi en 1854 d'après « le Réseau Bourdaloue » qui a un développement de 14-980 kilomètres. Tout d'abord, pour les premières opérations, ce niveau moyen avait été celui de l'Océan établi à Saint-Nazaire ; mais on s'est aperçu que les différents niveaux moyens présentaient des divergences assez notables. Pour éviter cet inconvénient, on choisit définitivement comme plan de comparaison, et pour niveau moyen celui de la Méditerranée, à Marseille. La Méditerranée se trouvait indiquée par suite de ses faibles variations de niveau. On adopta un plan passant à 0ᵐ40ᶜ au-dessus du zéro de l'échelle des marées à Marseille, dite échelle Saint-Jean. Partant de cette côte et arrivant par plusieurs lignes de nivellement jusqu'à l'Océan, on constata qu'il existait une différence entre l'Océan et la Méditerranée ; les variations semblaient dépendre de divers éléments mal définis, mais particulièrement relatifs à la configuration des côtes. De l'ensemble des mesures, on avait cru pouvoir déterminer que l'Océan était plus élevé que la Méditerranée de 0ᵐ75ᶜ à 0ᵐ08ᶜ (1), et ce résultat semblait conforme aux différences trouvées en 1847, dans le nivellement de l'isthme de Suez, à celle entre l'Atlantique et le Pacifique, à Panama, où la différence atteignait un mètre, à celles entre la mer Noire et la Baltique de 1ᵐ20ᶜ (2), à celles entre l'Atlantique, à New-York, et le golfe du Mexique (3), à celles entre Trieste et Amsterdam reliés par les nivellements autrichiens, prussiens et hollandais, indiquant 0ᵐ32ᶜ (4). Les nivellements espagnols entre Alicante et Santander avaient aussi donné des résultats comportant des différences analogues à celles du nivellement Bourdaloue.

Ces résultats sont illusoires ; ils étaient dus, les uns à des erreurs systématiques ; les autres au caractère superficiel des observations faites sur la salure de la mer. L'exactitude des méthodes modernes est environ triple de celle de Bourdaloue. « En d'autres termes, dit M. Ch. Lallemand, pour deux points distants d'un kilomètre, la différence des altitudes n'est pas affectée, en moyenne, d'une erreur probable supérieure à neuf dixièmes de millimètre, alors que cette erreur était de 2 à 3 millimètres environ pour les opérations de Bourdaloue. En tenant compte des erreurs systématiques, l'erreur probable de la différence de niveau trouvée entre Marseille et Lille ne dépasse pas cinq centimètres. »

Quelle que soit la précision que les nouveaux instruments géodésiques aient apporté dans la détermination du niveau réel

(1) Breton de Champs. Cong. Internat. des Sciences géographiques, 1875.
(2) Revue de Géographie. Juillet 1884.
(3) La Nature. 1884.
(4) Ch. Lallemand. Rapp. sur les travaux du nivell. général de France. Neufchatel, 1891.

des mers, elle reste encore soumise à différentes causes d'erreurs peu saisissables. Les marégraphes se trouvent influencés par l'effet mécanique de la houle, qui serait contraire à celui de la pesanteur et le niveau intérieur de l'appareil, ne serait pas toujours d'accord avec celui de l'extérieur. En outre la densité ou la salure est une résultante dont il faut tenir compte ; car la différence de densité produit une certaine élévation ou dépression du plan horizontal, soit au bord de la mer, soit au centre d'un bassin. « Le plan idéal serait le plan de densité à 1000. En effet, si, inférieurement à partir de ce plan et sur des perpendiculaires, on prend des distances proportionnelles aux densités mesurées, les points obtenus sont d'autant plus bas, que les densités seront plus fortes et d'autant plus hautes qu'elles seront plus faibles. » (1) Il en résulterait que les cartes de densité de surface seraient réellement des cartes du relief de la surface océanique, qui pourrait être comparée à une feuille de tôle ondulée et déformée par endroits.

Malgré ces causes d'erreurs, on est maintenant arrivé à pouvoir considérer le niveau de la mer comme uniforme et représentant dans l'ordre naturel le grand plan de nivellement du globe.

Influence de la pesanteur sur le niveau de la mer. — L'élément liquide est soumis à un ensemble de forces peu saisissables parmi lesquelles celle de la gravitation est des plus importantes. Si le noyau terrestre était enveloppé d'une couche uniforme d'eau, elle prendrait en vertu de cette force la forme d'une ellipsoïde ; mais les eaux et les terres sont irrégulièrement réparties à la surface du globe ; il en résulte des phénomènes complexes imparfaitement connus.

Le niveau des mers n'est pas rigoureusement perpendiculaire à la verticale, le fil-à-plomb librement suspendu sur le bord de la mer dans le voisinage d'une côte bordée de hautes montagnes est attiré du côté de la terre. Saigey fut le premier qui signala cette anomalie (2). Il calcula que le niveau de la mer devait être

(1) J. Thoulet. Note sur les poids spécifiques. (Bull. de géogr. hist. et descript., 1890).
(2) Petite Physique du globe. 1842.

relevé près des côtes et donna des évaluations pour certaines parties du globe, d'après le relief des continents.

La géodésie de précision, qui est obligée de tenir compte de la pesanteur, détermina ce phénomène d'une façon plus méthodique. D'après certains principes mécaniques, le travail nécessaire pour vaincre la pesanteur est toujours le même, quel que soit le chemin suivi pour aller d'une surface à une autre. « Or, en chaque lieu ce travail a pour mesure le produit de l'écartement de deux surfaces considérées, multiplié par l'accélération moyenne de la pesanteur en ce lieu, entre deux surfaces supposées voisines. Il résulte que deux surfaces de niveau ne sont pas rigoureusement parallèles et à défaut de parallélisme, la différence de niveau trouvée entre deux points extrêmes varie avec l'itinéraire choisi ; quand on ferme le circuit pour vérification, on ne retrouve pas l'altitude initiale » (1). Ces erreurs sont surtout remarquables quand on franchit les hauts plateaux.

Newton avait signalé la déviation de la verticale qu'il supposait due à l'attraction du relief terrestre. En 1774, le docteur Maskelyne avait trouvé que le mont Schehallien, en Ecosse, exerçait une attraction de — 6″ sur la verticale à une distance d'environ 600 mètres. Les astronomes français Bouguer et La Condamine, avaient observé cette attraction au Chimborazo et l'avaient attribuée à la présence de cavités dans les flancs des montagnes volcaniques. Au commencement du siècle, le baron de Zach entreprit une série de recherches sur ce sujet aux environs de Marseille.

En 1871, M. Wagner, commandant d'une brigade topographique, signalait entre Nice et Villefranche une différence de 20″ dans la latitude ; en 1872, M. Hatt, ingénieur hydrographe, trouvait que cette différence n'était que de 18″. En 1873, M. Listing établissait, d'après ses calculs, que sur la côte nord-est de l'Amérique du Sud, la mer devrait avoir un renflement évalué à 550 mètres ; d'après le même ordre d'idées il supposait que près de l'île Sainte-Hélène, le niveau de l'Atlantique aurait une dépression de 847 mètres. En 1885, M. A. Germain, ingénieur hydrographe, opérant à quatre stations : Nice, Saint-Raphaël,

---

(1) M. Ch. Lallemand. La pesanteur dans le nivellement et l'unification des altitudes européennes. IVᵉ Congrès int. des Sciences géogr. Paris, 1889.

Toulon et Marseille, obtenait des résultats à peu près semblables
à ceux de M. Hatt : c'est-à-dire que la latitude astronomique de
Nice était plus faible de 16″,16, que la latitude géodésique. Il
semblerait que l'attraction soit exercée sur un point situé dans
le massif des Alpes, au nord de Nice (1).

Burns avait établi comme principe d'attraction, qu'une montagne de 550 mètres de hauteur, voisine d'une mer dix fois plus
profonde, provoquait une déviation de 107 secondes. M. Bénazet,
recherchant les variations du pendule au Callao, près Lima,
s'est trouvé contraint, en l'absence de chaînes de triangles
reliant les deux versants des Andes, de rechercher par un calcul
direct les attractions produites par le continent entier de l'Amérique du Sud et de déterminer les coordonnées du profil de la
surface de la mer dans une direction perpendiculaire à la côte.
La mer s'abaisserait progressivement à partir du littoral d'une
quantité qui finit par rester constante, en atteignant 137 mètres.
Les données de M. Bénazet, quoique empreintes d'approximation, permettent cependant de considérer comme très probables,
l'existence dans une certaine région du Pacifique, d'attraction
affectant le voisinage des côtes et produisant un exhaussement
atteignant 100 mètres et même davantage (2).

D'un autre côté, les résultats obtenus ne sont pas toujours d'accord avec les prévisions ; ainsi, le colonel Chodskow a constaté
dans le massif du Caucase, entre deux latitudes, des différences
de 54″ dans une amplitude d'arc moindre d'un degré, tandis
que dans les monts Himalaya, où les altitudes sont plus fortes,
les différences sont à peine sensibles. De plus l'attraction
n'affecte pas seulement les régions montagneuses ; M. O. Struve
en cite un fait frappant aux environs de Moscou, où le terrain
est plat ; l'amplitude géodésique de l'arc mesuré dans le sens
du méridien, comparée avec son amplitude astronomique, a
donné pour une longueur de 60 kilomètres une différence de 22″.
On a supposé l'existence dans cette région d'une déformation
de la surface terrestre ou une attraction particulière due à un
défaut de la masse intérieure. En Italie, M. Tergala a constaté,

(1) Note sur la variation de la verticale. C. Rend. Acad. des sciences, 1886,
p. 325.
(2) Congrès int. des Sciences géographiques. Paris, 1875.

à l'Observatoire de Capo di Monte, des variations exactes d'une seconde.

Dans toutes les opérations de géodésie de précision on a trouvé des variations qui laissent la question indécise, tant que des séries de triangulation correctes n'auront pas été effectuées, pour comparer entre elles les nombreuses localités relevées.

Cette théorie provisoire du déplacement du niveau des mers ne donne pas l'explication des changements de niveau des côtes que l'on constate sur tous les points du globe. Si un bourrelet liquide entoure les côtes, il doit demeurer invariable, puisqu'il serait la conséquence de forces stables, tant qu'il n'y a pas de modification, ni dans le relief des continents, ni dans les profondeurs avoisinant la mer. Si le continent s'élevait, le bourrelet liquide suivrait le mouvement; si le contraire se produisait, les niveaux conserveraient leurs distances respectives. Aussi un certain nombre de géologues n'admettent pas cette élévation des eaux dépendantes des terres; ils conservent la théorie du refroidissement de la masse interne, qui engendre des contractions par les pressions latérales.

Les anomalies du phénomène de l'attraction doivent être recherchées dans la constitution même de la terre, ainsi que l'indique la voie ouverte par Pratt. Le refroidissement a dû se faire de telle façon que l'équilibre mécanique soit constamment maintenu. A la saillie des continents, doit correspondre un défaut de densité des couches sous-jacentes et le défaut de densité des masses aqueuses de l'Océan doit avoir été compensé par un excès de densité du fond des mers (1).

Influence de la pression atmosphérique. — La pression de l'atmosphère exerce une action directe sur les nappes d'eau d'une certaine étendue contenues dans des limites plus ou moins circonscrites, telles qu'un lac, une baie, le fond d'un golfe. L'effet produit est comparable à l'action déprimante d'un poids placé sur une masse demi solidifiée, telle que serait une surface de gélatine. Celui-ci étant enlevé, la surface reprendra son premier niveau.

(1) Com' Defforges. C. Rend. de la Soc. de Géogr., 1891, p. 88.

La pression atmosphérique se manifeste d'une façon sensible sur les lacs intérieurs d'une certaine étendue, dont l'eau calme transmet mieux les dénivellations jusque sur les rives, où la comparaison liminographique est facile. On connaît depuis longtemps ces phénomènes sur les lacs suisses sous le nom de *seiches* pour le lac de Genève, et de *ruhsen* pour le lac de Constance. Ils sont constatés aussi et comparés à de véritables marées sur les grands lacs de l'Amérique du Nord. On les connaît encore sur plusieurs points de la Méditerranée, où les pseudo-marées qui existent au fond de tous les golfes ont certains rapports avec cette pression. On a cité en décembre 1881 et janvier 1882 un abaissement remarquable sans cause apparente de trente centimètres du niveau de la mer à Antibes. Il existe au fond du golfe de Gabès un mouvement de marée, où, d'après les observations faites à Sfax, la différence entre les hauteurs extrêmes varie jusqu'à 2 mètres ; ce mouvement possède une régularité apparente, mais sans concorder avec les lunaisons. A Venise et dans tout le golfe Adriatique, on rencontre les mêmes oscillations plus ou moins périodiques. Leur irrégularité de durée et d'amplitude est attribuable à la configuration des côtes.

Dans les calculs de hauteur on admet une pression moyenne de $0^m,760^{mm}$ et un air parfaitement calme. Or, la pression de $0^m,760^{mm}$ représente le poids moyen de l'atmosphère sur une surface égale à la section du tube barométrique ; mais s'il y a diminution de pression sur une région voisine, celle-ci est certainement compensée par une augmentation correspondante sur une autre. Elle se transmettra à la masse liquide des océans et aura pour résultat de faire monter le niveau de la mer à l'intérieur de la zone de dépression ; pour une chute de 2 millimètres, l'eau montera de 27 millimètres et pour une élévation de $0^{mm},01$ dans le baromètre, il y aura un abaissement de $0^{mm},14$.

La pression du vent sur un point déterminé fait monter le niveau de l'eau jusqu'à une distance éloignée, quand la configuration littorale favorise le mouvement ondulatoire de très grande longueur et de faible hauteur. Ainsi, sur les côtes de Bretagne, les pêcheurs reconnaissent avec une quasi certitude les agitations du large dans l'Atlantique, d'après la manière dont les lames viennent briser sur certains plateaux, tels que la Longue-de-Boyard, le Corven de Trévignon et autres.

Les ras-de-marée. — On désigne sous le nom de ras-de-marée des mouvements extraordinaires de la mer, qui s'éloigne subitement de la côte pour y revenir avec violence en dépassant les limites ordinaires : ils sont principalement attribués à des secousses de tremblements de terre, soit dans les régions sous-marines, soit sur des côtes plus ou moins éloignées. Cette opinion est d'autant plus accréditée, que ces mouvements brusques et insolites sont principalement connus sur les côtes des régions soumises à des perturbations séismiques (1). Ils sont fréquents sur le littoral méditerranéen et sur celui de l'Amérique du Sud et sur divers points de l'Océan Pacifique.

Dans une secousse, l'ébranlement de la croûte terrestre se propage en ondulations ressenties d'autant plus loin, que le milieu vibrant a été favorable à la transmission. La masse liquide des océans réalise cette condition. Au moment de l'explosion du volcan du Krakatoa (1883) une vague de cinq à huit mètres de hauteur inonda les côtes de l'île de Java et se propagea dans tout l'Océan Pacifique ; cette ondulation a été enregistrée heure par heure sur la plupart des points de son passage : à Aden, au cap Horn, à Panama et même aux marégraphes des côtes de France. Sa vitesse a atteint 294 mètres à la seconde ; rapidité de translation concordant avec d'autres exemples de même nature.

Les ras-de-marée ont attiré l'attention des populations voisines des côtes depuis les temps les plus reculés, sans avoir été expliqués. D'anciennes chroniques les mentionnent sur la côte d'Asie-Mineure et rapportent que le port de Marseille fut mis à sec et que les navires s'y échouèrent jusqu'au retour de la mer. D'après Hoff, en 1510, une vague inonda le port de Constantinople, bouleversant tout sur son passage. En 1690, à la suite du tremblement de terre de Pisco, on vit la mer se retirer à 15 kilomètres pour revenir au bout de trois heures, avec une vague de dix mètres de hauteur bouleversant tout avec

(1) Jules Girard. Recherches sur les tremblements de terre. Paris, 1890.

impétuosité. Le port de Cette fut détruit de cette façon au XIIIe siècle et l'on rapporte que des navires à l'ancre furent lancés à quatre kilomètres du rivage. Au siècle dernier, au moment du tremblement de terre de Lisbonne, les ondulations du sol atteignirent les côtes d'Angleterre.

Les ondulations sont tantôt uniques, tantôt répétées ; dans ce dernier cas, elles viennent déferler à des intervalles plus ou moins espacés. A la suite du tremblement de terre du Pérou, le 13 août 1868, l'ondulation qui frappait la côte américaine traversait le Pacifique jusqu'à la Nouvelle-Zélande ; elle rencontra sur son passage l'île isolée d'Oparo ou Rapa, dont les habitants furent brusquement surpris au milieu de la nuit par un flot qui inonda subitement leurs villages ; il avait duré à peine une minute et s'était retiré, quand, quelques heures après, un second flot se représenta ; puis le phénomène se renouvela neuf fois consécutivement avec un espacement d'environ vingt minutes et diminution dans la violence. Cette immense vague de translation aborda la côte de la Nouvelle-Zélande 24 heures après son départ de la côte de l'Amérique du Sud. Les ports furent subitement mis à sec, aussitôt le retrait de la première vague d'inondation ; pendant plusieurs heures l'eau s'élevait et baissait, jusqu'à ce que cinq heures après le début, une dernière vague suivie d'autres plus petites, vînt s'abattre sur la côte.

La vitesse de ces vagues est variable suivant la force première d'impulsion ; d'après les calculs de M. de Hochstetter, sur la propagation de la secousse de Simoda, en 1854, au Japon, comparés avec d'autres exemples, cette vitesse serait comprise entre 146 et 216 mètres à la seconde ; mais il faut ajouter que d'autres observateurs ont assigné à cette même vague une vitesse de 700 kilomètres à l'heure.

Les ras-de-marée sont surtout fréquents sur les côtes du Chili et du Pérou, où ils ont causé des dommages considérables. On cite parmi les plus importants celui du 9 mai 1877. A 8 heures du soir, toute la côte reçut la commotion d'un tremblement de terre jusqu'à Autofagasta ; elle fut si violente, qu'on ne pouvait se tenir debout. Aussitôt après le premier choc, une tempête se déclara et peu après s'éleva une vague de cinq mètres de haut, envahissant toutes les plages à huit reprises consécutives. A Arica, le chemin de fer, la douane, le consulat anglais furent démolis. Cette immense vague ne s'arrêta qu'au pied des collines; la ville d'Iquique, submergée à huit reprises différentes, fut entièrement détruite; on cite aussi un bateau à vapeur poussé jusqu'à deux milles dans l'intérieur et laissé à sec.

En 1883 un pareil mouvement de la mer s'est produit à Montevideo. A une baisse subite dans toute la baie, succéda une élévation rapide de $1^m,50$, qui se présenta sous forme d'une lame immense venant du large dans la direction du nord-ouest et déferlant avec violence sur les plages; elle a été accompagnée de deux autres ondulations successives espacées d'une minute d'intervalle. Ces ras-de-marée sont communs dans la baie de Montevideo, où ils ont reçu le nom de « tremblements de mer ».

Ces agitations de la mer ne concordent pas toujours avec un tremblement de terre apparent, mais elles en sont cependant une conséquence connexe. S'il se produit au bord même de la mer, les relations sont plus évidentes; lors de l'éruption du Mont-Saint-Augustin, dans les iles Aléontiennes, au moment où le volcan se fendit en deux parties, la secousse donna naissance à une ondulation annulaire de 8 mètres de haut, qui, précédée d'un retrait de la mer, s'avança rapidement vers les côtes voisines et fut suivie d'une seconde vague moins haute.

Les ras-de-marée sont d'autant plus dangereux qu'ils se déclarent inopinément, sans aucune perturbation ou signe précurseur. Les ondulations nées sur un point indéterminé, quelquefois sous-marin, se raccourcissent en approchant des côtes et augmentent de hauteur avec la diminution de la profondeur. Ils se manifestent aussi sous une forme lente asséchant le fond d'une baie ou un port, où l'eau reflue ensuite sans être accompagnée de mouvements brusques.

Ces perturbations sont fréquentes aux Antilles, sur la côte du Coromandel, à l'ile de la Réunion et sur toute la côte ouest d'Afrique. Dans la Méditerranée, où les points d'activité séismique sont nombreux, elles ont été constatées depuis les temps anciens et de nos jours on en signale souvent. Les secousses

répétées qui ravagèrent la province d'Alhama, en Espagne, en
1885, déterminèrent sur plusieurs points des agitations subites.
En février 1893, au moment où une secousse se faisait sentir à

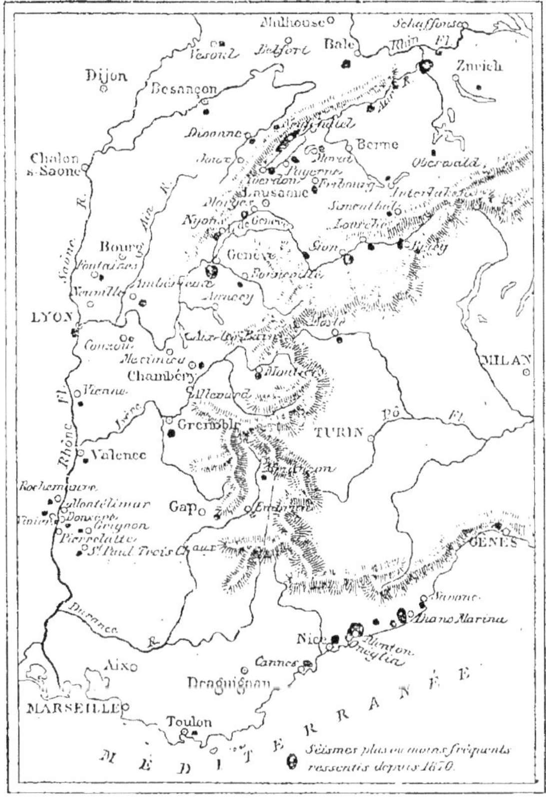

Fig. 1.

Régions méditerranéennes sujettes aux perturbations séismiques
concordant avec des ras-de-marée.

Zante et en même temps, dans quelques îles voisines du Strom-
boli, les canaux des lagunes de Venise furent presque mis à
sec et se vidèrent lentement. Le grand canal fut pareillement

asséché au point que les gondoles stationnant devant les palais, restèrent échouées sur la vase, jusqu'à ce que, quelques heures plus tard, l'eau reprit insensiblement son niveau primitif. Le 10 août 1890, le niveau de la Méditerranée s'est subitement abaissé au Grau-du-Roi, sur la plage d'Aigues-Mortes, se retirant à une distance de 130 mètres. Le réservoir de la Vidourle et le Canal d'Aigues-Mortes ayant été mis à sec, les navires s'y échouèrent et l'on y attrapa une quantité de poissons. Au bout d'une heure, l'eau reprit son niveau ordinaire. On suppose que ce phénomène, qui ne s'était pas produit depuis un demi-siècle, avait eu une coïncidence directe avec un tremblement de terre signalé dans l'Archipel.

Les secousses de tremblement de terre se ressentent aussi au large milieu des océans, d'après les connexions provenant du fond de la mer. Il existe au milieu de l'Atlantique, dans une région comprise entre le 5° Lat. N. et le 4° Lat. S. vers le 20° Long. O. où les navigateurs ont éprouvé des secousses violentes. Elles ont été souvent considérées comme des récifs inconnus, sur lesquels les navires auraient touché ; mais les nombreux témoignages recueillis sur ce phénomène permettent de croire qu'il existe une chaîne de montagnes volcaniques sous-marines en activité, à une profondeur variant de 2,000 à 4,000 mètres.

Les courants superficiels. — L'origine des courants généraux et de leur direction a été attribuée à la distribution inégale de la chaleur à la surface du globe, combinée avec les effets de rotation de la terre. Ainsi dans le bassin nord de l'Atlantique, les eaux situées sous l'Equateur, se trouvant plus chaudes que celles du voisinage des pôles, éprouveraient une dilatation, d'où il résulterait que leur niveau tendrait à s'élever au dessus de celui des nappes voisines. Dans cette hypothèse il faudrait encore tenir compte de la densité, dont la différence provoque une certaine dénivellation, soit le long des côtes, soit même au milieu des bassins océaniques.

Les causes de la circulation des eaux sont complexes ; cependant il est justé de reconnaître que l'action du vent est un des facteurs principaux. Agissant sur l'eau longtemps dans la même direction, il donne naissance aux vagues qui opèrent un mouvement de translation des molécules superficielles. Un corps flottant plongé dans la nappe superficielle instable, animé d'un mouvement de progression, participe à ses mouvements. Un corps flottant, une planche, une feuille de papier restant à la surface d'une nappe d'eau, finiront toujours par atteindre le bord du bassin placé sous le vent. Car le vent provoque un déplacement constant de proche en proche de la couche superficielle, sans qu'il y ait de mouvement dans les couches sous-jacentes.

La théorie de l'influence des vents a été émise par Zöppritz, qui considère les courants permanents comme étant le résultat du frottement des vents à la surface des Océans ; la plus grande partie des mouvements circulatoires serait due à cette action. L'idée n'est pas nouvelle, car Franklin avait déjà signalé les vents alizés comme cause du mouvement des eaux vers l'Ouest dans les régions intertropicales. Plus tard Rennel établissait une différence entre les courants de surface ou de dérive, et ceux qui affectent profondément la masse des eaux.

M. Mohn a démontré (1) que l'influence prépondérante du mouvement océanique résulte de la formation d'une surface différente de la surface du niveau, en partie par l'action directe des vents et de la rotation de la terre, en partie par les différences de densité de l'eau de mer, produites aussi bien par les vents que par l'eau provenant des fleuves. L'effet des vents dominants, l'évaporation et la précipitation déterminent l'économie générale des courants. En outre, M. Mohn considère les vents généraux comme le résultat de la distribution générale de la température, laquelle dépend principalement de l'évaporation de la mer et de la répartition relative des continents et des eaux.

D'après les études poursuivies par le Coast-Survey des Etats-Unis sous la direction du lieutenant Dyer, en 1892, on a obtenu des résultats remarquables sur les causes mal définies de l'origine du Gulf-Stream. Ils se résument à trois points principaux :
1º La plus grande partie des mouvements circulatoires des eaux de la mer peut être considérée comme une dérive produite par les vents régnants ; car, la direction et la force moyenne des

---

(1) The North Ocean, its depths, temperature and circulation.

courants résulte de l'intensité des vents; 2° un autre groupe de courants (en réalité une grande partie) se compose de courants compensateurs et alimentaires, créés par le remplacement de la masse d'eau poussée en dérive dans la partie située au vent de l'espace où se produit la dérive; 3° un autre groupe provient de la déviation des courants de dérive occasionnés par la configuration des côtes; les courants libres se transforment rapidement en courants compensateurs; 4° la force dérivante due à la rotation de la terre doit être considérée comme insignifiante jusqu'alors; mais, elle peut exercer une influence insaisissable dans certains cas.

Le transport d'objets abandonnés dans l'Océan Atlantique a établi une preuve du déplacement superficiel des eaux, mais ce mouvement de translation dû aux vents dominants du sud-ouest, indiquerait que le courant du Gulf-Stream, auquel on a attribué une épaisseur considérable, ne serait qu'une conséquence météorologique affectant le bassin nord de l'Atlantique. Les expériences du Prince de Monaco ont fourni des documents sur la direction des courants. En 1885, 86, 87, il a lancé 1675 flotteurs contenant des indications en plusieurs langues indiquant le but de ses expériences. Près de 250 flotteurs sont revenus; le groupement s'est fait principalement aux Açores, où il en est arrivé 26; les côtes de France en ont reçu 24 et les côtes de Norwège 22. Leur vitesse moyenne a été de 4 milles 48 par jour. Quoique ces flotteurs aient été conçus pour avoir une immersion presqu'absolue, ils ont été entraînés à la surface de la mer par l'action prolongée des vents généraux. Ils ont suivi l'impulsion des alizés dans la partie sud du bassin Atlantique et celle du vent dominant du Sud-Ouest dans la partie Nord. L'expérience a confirmé pour les côtes de Norwège et celles de l'Ouest de l'Europe, ce qui avait été depuis longtemps constaté.

On connaissait cette direction générale des courants de surface, par les amas de bois flotté qu'on rencontre dans certains parages du nord de l'Europe. Sur les côtes de Norwège on recueille des fragments d'arbres d'essence intertropicale ayant ainsi traversé tout l'Atlantique. A l'île Jan Mayen, la baie du Mary Muss est couverte de bois desséchés apportés de cette façon: aussi est-elle dénommée: Baie du Bois flotté. On y

Girard, 2.

reconnaît des troncs d'arbres de toutes dimensions provenant de Sibérie, et aussi des épaves et des objets ayant appartenu à des pêcheurs norwégiens. Les bois flottés sont poussés assez loin vers l'intérieur par les tempêtes et par les glaces ; la distance de ces débris au rivage peut servir à évaluer l'époque, quelquefois très reculée, de leur dépôt (1).

Pendant son voyage dans les mers du Nord en 1856, le prince Napoléon, afin de contribuer à la connaissance des courants qui apportent dans certaines baies d'Islande des bois flottés, fit jeter à la mer des flotteurs portant l'indication de leur point de départ. Un de ces flotteurs lancé, le 10 juillet, par 69° 30' lat. N. et 13° long. O entre l'Islande et l'île Jan Mayen, fut retrouvé le 29 novembre de la même année à Darangavir, sur la côte occidentale d'Islande. Il fut amené à ce point par le courant descendant du Nord, qui se dirige vers le cap Farewell.

Un fait isolé a récemment confirmé la direction de translation de corps flottants en concordance avec les vents dominants du S.-O. Dans la mer du Nord. M. T. M. Follow avait jeté à la mer le 8 octobre 1891, près Redcar, comté d'York, une bouteille renfermant une indication ; elle a été recueillie 6 mois plus tard, le 12 avril 1892, par un pêcheur d'Hjelinsand, à l'extrémité septentrionale de la Norwège, ayant accompli un trajet de 2.240 kilomètres (2).

Propagation de la marée sur les côtes. — L'ondulation de la marée est un mouvement d'oscillation verticale qui se transmet de proche en proche dans la masse liquide, sans qu'il y ait déplacement sensible dans les molécules. Telle serait en pleine mer la propagation normale de la marée.

Il n'en est pas de même près des côtes et dans les endroits peu profonds ; outre le mouvement oscillatoire vertical, il se produit un autre mouvement de translation donnant lieu à des courants alternatifs ; ce sont des courants de flot, avec la marée montante et ceux du jusant, avec la marée descendante. Il ne faut attribuer à ces expressions qu'une valeur relative. On commettrait des erreurs nombreuses, le renversement des marées

(1) Annales hydrographiques, 1893. N° 714.
(2) Annales de Géographie. 1893.

ne coïncidant pas toujours avec l'étale de la haute ou de la basse mer. Dans une embouchure, il peut se produire un courant de l'amont à l'aval, lorsque les eaux ont déjà commencé à monter ; sur plusieurs points des côtes, le renversement a lieu au milieu du flot et au milieu du jusant. L'étale des courants de flot coïncide généralement avec la haute mer ; mais à quelques kilomètres du rivage, le moment de l'étale du flot retarde progressivement et ce retard peut varier entre 1 h. 20' et 6 h. 30'. Il existe également dans la Manche une partie, où, sur la côte même, les étales des courants ne coïncident pas avec l'étale des marées. Le détroit de Gibraltar et celui de Bal-el-Mandel qui font communiquer l'un l'Océan avec la Méditerranée et l'autre avec la mer Rouge, présentent sous le rapport des courants une singulière anomalie : lorsque la mer monte dans ces deux détroits, le courant se dirige de l'intérieur de ces mers vers l'Océan ; il entre au contraire de l'Océan dans ces mers, lorsque la mer descend sur les rives de ces détroits (1).

Quand la mer pénètre dans un bassin n'ayant qu'une seule ouverture, les eaux affluentes courent dans le même sens jusqu'à ce qu'elles cessent d'élever leur niveau sur les rives de ce bassin. Quand elle pénètre dans des canaux à deux ouvertures, où l'ondulation de la marée peut se précipiter à la fois par les deux extrémités du canal, le phénomène devient plus compliqué ; il y a interférence des deux ondes ; mais comme ces deux ondes peuvent être égales ou inégales, il en résulte dans chaque cas un régime particulier pour les courants de marée.

Ainsi dans la mer d'Irlande les deux ondes opposées sont égales ; au point où elles se superposent, les deux flots et les deux jusants se détruisent réciproquement ; ce qui produit une étale générale. Beechy, qui a étudié consciencieusement cette mer, a appelé « point normal de la marée », le lieu de rencontre des deux ondes. Leur amplitude est de plus en plus grande à mesure qu'elles s'en éloignent et le maximum de la vitesse correspond à la demi-marée à ce même lieu.

Dans la Manche, l'ondulation venant de l'Atlantique pénètre aussi par deux ouvertures ; elle entre directement du côté ouest

(1) Boutroux, ingénieur hydrographe.

et ensuite du côté nord, après avoir contourné les îles Britanniques ; le point de rencontre se trouve à l'entrée du Pas-de-Calais. Les phénomènes qui en résultent sont complexes étant la conséquence directe de la configuration des côtes, parce qu'ils résultent de l'interférence de deux ondes inégales. La marée venant de l'Ouest par l'ouverture de la Manche est beaucoup plus violente que celle qui vient de la mer du Nord après avoir accompli un circuit considérable (1). Il n'existe pas de point exact pour l'heure du renversement des courants, de leur direction et de leur vitesse. On a cependant remarqué que sur les côtes de France les courants résultant de leur propagation sont plus forts que sur les côtes anglaises.

Les courants de marée. — Le spectateur placé sur le sommet des hautes falaises de la Manche voit se dérouler sous ses yeux la propagation de la marée frôlant le littoral : la mer est basse, retirée au loin de la zone des sables encore humide, et laissant à peine deviner la limite du fond de vase situé à une plus grande profondeur. La teinte azurée du large s'étend presque jusqu'à la grève. Mais bientôt le flot de marée arrivant de l'ouest, se fait sentir dans le voisinage de la plage sablonneuse, colorant graduellement en jaune une large bande riveraine. Le courant littoral se trouve ainsi déterminé par la différence tranchée de sa coloration provenant du bouleversement des sables ; si quelque obstacle se présente, tel qu'un cap de rochers, ou un courant sortant d'un estuaire, on le voit le contourner en s'étendant vers le large, pour poursuivre ensuite sa course.

Les courants littoraux provenant de l'incessante mobilité des eaux de la mer, soumises aux alternatives des marées, exercent une puissante action destructive et reconstituante d'autre part, sur les côtes de l'Océan. Lorsque la marée pénètre dans des chéneaux resserrés, passant sur des fonds inégaux, ou qu'elle se trouve contrainte dans son expansion, elle produit de violents courants aussi dangereux pour le navigateur, que puissants pour le remaniement du littoral. Nous citons les plus connus.

Le golfe de Saint-Malo, parsemé d'écueils et de plateaux de

(1) Keller. Exposé sur le régime des courants dans la Manche et dans la mer d'Allemagne.

rochers, possède un régime particulier de marées qui sont les plus élevées de nos côtes de l'Océan. Elles présentent différentes anomalies telles qu'une augmentation presque régulière en 1874 et 1883 du niveau moyen de la surface de la mer, suivie d'une diminution constante. Ces variations sont attribuables à des phénomènes astronomiques, mais surtout à la configuration de la côte dont l'influence est « si considérable, dit M. Heurtault (1), que Saint-Servan, situé entre Brest, où les marées ne dépassent pas 8ᵐ20ᶜ, et Cherbourg, où elles n'arrivent pas à 7 mètres, voit les siennes atteindre 13ᵐ60ᶜ. »

Il en résulte, à certains moments de la marée, de violents courants qui se précipitent dans les passes formées par l'archipel d'îles et d'ilots occupant le milieu du golfe de Saint-Malo. Ainsi celui du Raz-de-Blanchard, dans le passage de la Déroute, atteint une vitesse de 15 kilomètres à l'heure quand l'action du vent se joint à celle de la marée ; entre les îles de Jersey et de Guernesey ils deviennent de véritables fleuves marins, dont la direction se renverse alternativement. Au moment du renversement, la mer est démontée et des lames énormes s'entrechoquent en tourbillonnant.

La baie de Fundy, ouverte dans les dentelures de la côte de la Nouvelle-Ecosse, consiste aussi en un entonnoir entouré de nombreuses embouchures de rivières du littoral canadien, et dans lequel les relèvements progressifs du fond se combinent avec le rétrécissement des passages. Dans cette baie, où, suivant les époques, l'écart entre la haute et la basse mer est de 15 à 20 mètres, il règne un flot puissant comparable à un mascaret ; à cause des profondes dépressions de l'entrée de la baie, combinées avec le relèvement progressif des fonds, la marée se précipite avec un mouvement tourbillonnant. Il est à remarquer le contraste existant entre ces hautes marées de la baie de Fundy favorisées par la configuration locale et la faiblesse de celles de la baie Verte, dans le golfe du Saint-Laurent où elles atteignent à peine trois mètres. Ces deux baies ne sont séparées que par l'isthme étroit de Chignecto, mais leur régime de marées dépend d'un côté directement de l'Atlantique et de l'autre d'un golfe

____

(1) C.-Rendu de la Soc. de Géogr. 1891, p. 559.

qui participe au caractère d'une embouchure de fleuve et d'une mer intérieure, la mer d'Anticosti.

Sur les côtes de la Colombie Britannique, profondément découpées par des fjords resserrés, il existe entre la terre ferme et l'île de Vancouver un étroit chenal à peine large de 3 kilomètres, le canal Saint-Georges, où la marée se précipite tantôt dans un sens, tantôt dans l'autre avec une vitesse atteignant quelquefois 10 kilomètres à l'heure. La force du courant est telle que les bateaux à vapeur n'affrontent pas toujours avec succès cette irruption vertigineuse de la mer (1).

Un bouleversement à peu près semblable se produit dans les lacs d'Écosse, au nord de l'île de Jura, près de l'îlot de Scabra ; il est appelé : « Corryvrechan » ou « Coriebhrecain », c'est-à-dire : Chaudon de mer. Celle-ci se précipite comme une éclusée à la marée montante à travers un chenal d'un kilomètre de large, avec une vitesse de 12 kilomètres à l'heure, encore augmentée par les vents d'ouest, s'engouffrant entre les montagnes entourant cet étroit défilé. Un relèvement graduel du fond s'opposant à l'entrée de la marée, contribue à l'accroissement du courant.

Dans les fjords qui découpent les côtes de Norwège ces effets de marée sont fréquents. Le plus connu est le Malström, à l'extrémité des îles Loffoden (ou Loffott), entre les récifs Moskenas et Vaerö. Ce type légendaire des tourbillons résulte de la précipitation des eaux au milieu du West Fjord, venant du sud-est, puis tournant au sud-ouest et finissant par se diriger au nord-ouest, accomplissant en douze heures le tour entier de l'horizon. Le mouvement tourbillonnaire résulte autant de l'impulsion de la marée dans un chenal étroit, que de la profondeur croissante du fond ; car hors du groupe des Loffoden, les sondages atteignent 200 et 400 mètres, tandis que dans les chéneaux, il n'y a que 20 à 50 mètres. Les pêcheurs de la localité ne s'y aventurent que par les temps calmes et seulement trois quarts d'heure avant le flot. Les légendes scandinaves rapportent que les navires ont été fatalement engloutis, attirés dans l'abîme par les étreintes d'une poulpe gigantesque (2).

(1) Richard. Vancouver Island Pilot.
(2) Dr Charlton.

Les courants de marée paraissent ne pas devoir exister au large et cependant on a donné le nom de *tide-rips* à un clapotis analogue à celui que produit la rencontre de deux forts courants. Ils ont été souvent observés dans l'Atlantique près de l'équateur et principalement dans l'hémisphère nord. La mer gronde alors comme une rivière qui se fraye un passage à travers les rochers. La navigateur inaccoutumé à ce phénomène s'attend à voir son navire entraîné loin de sa route et lorsqu'il fait son point, il reconnaît avec étonnement qu'il ne s'en est pas écarté. M. Savy attribue ces mouvements insolites de la mer à l'émersion d'un courant froid et léger, ajoutant qu'il a souvent remarqué que dans ces conditions, il y avait un mouvement de dérive à l'ouest. Horsburg (1) cite plusieurs phénomènes de ce genre dans le détroit de Malacca, il a constaté que le clapotis bat les flancs du navire avec violence et qu'une embarcation ne résisterait pas à ces courants, dont le bruit est quelquefois tel, qu'on croit entendre la mer briser sur des écueils. Beaucoup de vigies qui défigurent les cartes sont probablements dues à la rencontre d'un tiderip (2).

Mouvement ondoyant de la mer. — Lorsqu'une faible brise s'étend sur les eaux calmes, elle leur fait perdre d'abord leur transparence, puis engendre des rides, dont la concavité est tournée du côté de l'origine du vent. Ces rides s'approfondissent avec l'intensité croissante du vent, puis elles augmentent de hauteur, éloignant leurs crêtes les unes des autres, en formant des ondulations perpendiculaires à la force d'impulsion ; enfin elles se réunissent pour donner lieu aux ondes majestueuses qui secouent les navires.

En jugeant d'après l'agitation qui règne à la surface de la mer quand elle est bouleversée par le vent, on est amené à supposer que cet ébranlement se propage profondément. Les couches inférieures ne participent que faiblement à l'ébranlement superficiel ; à une distance assez faible, l'ouragan passe inaperçu dans les abîmes liquides. La preuve en a été fournie par les plongeurs qui ont travaillé au sauvetage des épaves par la profondeur

(1) East India Directory.
(2) Ploix et Caspari. Météorologie nautique. 1874.

maximum de 30 brasses ; ils ont constaté que les tempêtes n'avaient rien changé à la condition des objets libres au moment du naufrage.

Mais l'action des puissantes lames du large sur les côtes est considérable ; c'est une des plus grandes manifestations de l'énergie mécanique de la création. « Il suffit, dit M. Bouquet de la Grye (1), pour s'en faire une idée, de calculer la quantité de mouvement contenue dans une lame normale de 10 mètres de haut et de 200 mètres de longueur, ayant une durée de 18 secondes. On trouve 1.350 chevaux de force par mètre transversal, sans faire entrer en ligne de compte la vitesse horizontale. Une telle puissance ne s'exerce pas sur un navire qui s'élève avec la houle, mais il n'en est pas de même à terre, et l'on a vu, par exemple, une portion de la digue de Socoa, à Saint-Jean-de-Luz, pesant 1.200 tonnes, se détacher de son amorce à terre et reculer de 1^{m}50^c dans un coup de mer. »

Dans une tempête la vitesse de translation peut atteindre la vitesse de cinquante kilomètres à l'heure. Ces vagues atteignant les plateaux voisins des côtes, s'y précipitent avec d'autant plus de violence que l'inclinaison de la plage est plus considérable. Ces rouleaux s'avancent dans une direction perpendiculaire au rivage ; effet dû à ce qu'ils rencontrent des pentes de plus en plus prononcées et à la marche plus rapide de l'ondulation au large que sur les bords où la profondeur décroissante retarde leur progression. La partie antérieure de chaque vague se ralentit sur le fond, pendant que la partie supérieure animée d'une vitesse plus grande, passe par dessus la crête et se déverse en brisant. Les vagues sont moins fortes dans les grands fonds ; ainsi on a remarqué à la fosse de Cap Breton, sur la côte des Landes, où les grandes profondeurs de cette fosse pénètrent dans la déclivité générale du plateau sous-marin, que la mer y est beaucoup plus calme que dans les parties voisines du littoral ; circonstance souvent mise à profit par les navigateurs, qui, poussés par la tempête, viennent y chercher un refuge temporaire.

La violence du choc des lames est donc d'autant plus fort

(1) Les mouvements de la mer. Conférence à l'Association scientifique. 1er mars 1884.

qu'elles rencontrent un obstacle ; si cet obstacle leur barre brusquement le passage, elles brisent avec fureur ; si au contraire elles expirent mollement sur une grève à la pente faible, leur force est détruite. Aussi les ingénieurs ont copié la nature en établissant à l'entrée des ports soumis à la pénétration directe des vagues du large, des bassins d'épanouissement où elles s'étalent doucement au lieu de frapper directement les murailles des jetées.

Les vagues soulevées par un coup de vent sont douées d'une force considérable ; si elles ne mettent pas en mouvement les particules de sable dans les profondeurs dépassant environ quinze mètres, elles transportent au moyen de déplacements successifs, des blocs volumineux, à une grande distance de leur emplacement. En 1837, dans une tempête qui a sévi sur l'île Saint-Thomas, des blocs de rochers ont été arrachés à 12 mètres de profondeur et lancés sur la plage ; en 1868, des blocs artificiels de beton cubant plusieurs mètres, destinés à la jetée de Biarritz, ont été transportés à une distance de 15 mètres. On a cité un navire de 200 tonneaux jeté par une lame de fond, sur le sommet de la digue de Plymouth, où il resta longtemps immobilisé. Aux Mascareignes, d'énormes blocs de corail furent arrachés dans un cyclone, aux récifs entourant ces îles et projetés à plus de vingt mètres de la plage, où ils paraissaient avoir été lancés par une explosion.

Stephenson avait estimé que la force d'impulsion de la masse d'eau abordant le phare de Bell-Rock représentait un poids de 17.000 kil. par mètre superficiel. Il avait aussi constaté que les vagues qui se précipitaient sur le phare d'Eddystom, situé à l'entrée de la Manche, l'ébranlaient en atteignant quelquefois la hauteur de trente mètres et le faisaient fléchir d'une quantité très appréciable.

Dans les moments de fureur de la mer les vagues mugissantes s'élancent sur les rochers noirs qui hérissent nos côtes de l'Océan ; elles y tourbillonnent avec fracas et s'affaissent laissant au loin un ruban d'écume blanchissante, qui tranche sur le fond de la mer. On perçoit au milieu du tumulte un bruit dominant et sonore. Quand la mer brise sur le Torche de Penmark, rocher isolé de la terre ferme, le choc est si violent qu'on entend ces mugissements apportés par les vents d'ouest jusqu'à Quimper, distant de 24 kilomètres (1). Aussi ces rochers ont-ils été de tout temps fertiles en naufrages.

On est généralement porté à exagérer la hauteur des lames en pleine mer. Le mesurage peut se faire à bord d'un navire en s'élevant dans la mâture où l'on cherche à occuper une position dont la hauteur soit telle que le rayon visuel passant par le sommet de la lame la plus voisine, se continue ainsi par une seconde lame confondue avec l'horizon moyen ; en mesurant la hauteur où se trouve l'observateur au-dessus du niveau de la mer, on obtient celle des lames. Dans les coups de vents de l'Océan Austral, plusieurs navigateurs ne leur ont pas attribué plus de 12 à 15 mètres.

Il a été reconnu qu'entre l'Amérique et l'Europe, après 36 heures d'un vent violent, une vague mettant 6 secondes à parcourir la longueur d'un navire, ceci représenterait une vitesse de 60 kilomètres à l'heure. La plus haute de ces vagues avait 13 mètres de haut et l'espace entre deux crêtes était de 180 mètres.

(1) B. Girard Rev. Marit. et Col. 1886.

Fig. 2.

II

L'ÉROSION LITTORALE

Action destructive des vagues et des courants. — Les efforts
de la nature tendent toujours à rétablir l'équilibre dans une
incessante évolution. Le mélange des forces physiques et mécaniques qui les accompagnent occasionne de perpétuelles méta-
morphoses. Pendant la suite des siècles les différentes parties
de la surface du globe baignées par les océans ont été successivement remaniées par le mouvement des flots.

Après la destruction lente des montagnes par les agents
atmosphériques et le travail des glaciers, où les particules des
roches ont été portées par les fleuves à l'Océan, ses mouvements
continuent l'œuvre de destruction sur les côtes. Le remplissage
du bassin des mers est la conséquence de l'érosion, dont les
matériaux, surgissant plus tard du calme des abimes de la mer,
remplaceront les reliefs continentaux.

Les phénomènes de contact de la mer avec les terres sont
aussi variés que grandioses; l'impulsion de la mer contre certaines côtes finit par opérer leur transformation : ainsi ont été
taillées les falaises de la Manche dans le bassin crétacé anglo-
parisien, dans lesquelles l'isthme géologique, remplacé par le
Pas-de-Calais, a été percé ; l'érosion a détruit les côtes basses du
Jutland et favorisé l'invasion progressive de la mer dans les
plaines des Pays-Bas; les efforts continus de la côte de Biscaye
ont amoncelé les immenses champs de dunes des Landes; les
effets des courants de marée ont détaché de la terre ferme les
îles anglo-normandes du golfe de Saint-Malo.

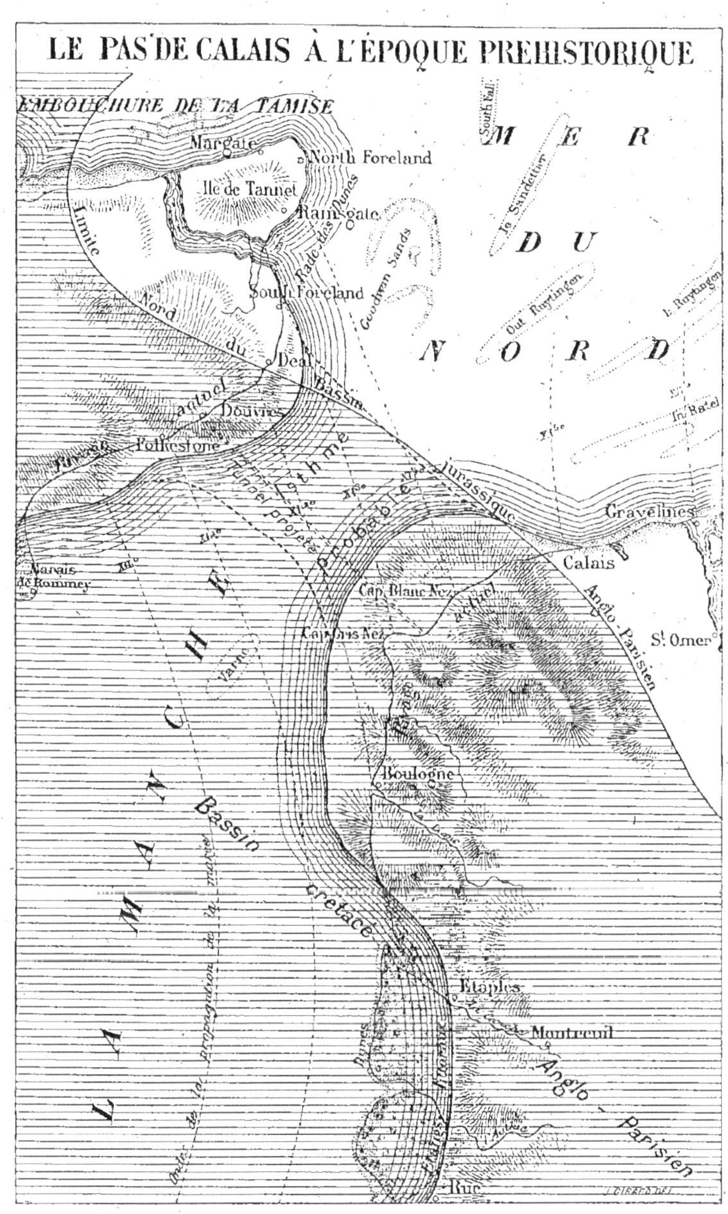

LE PAS DE CALAIS À L'ÉPOQUE PREHISTORIQUE
EMBOUCHURE DE LA TAMISE
MER DU NORD
Margate
North Foreland
Ile de Tannet
Ramsgate
Rade des Dunes
South Foreland
Goodwin Sands
Limite Nord du Bassin
Deal
Douvres
Folkestone
Pas de Calais
Calais
Gravelines
St Omer
Anglo-Parisien
Marais de Romney
Cap Blanc Nez
Cap Gris Nez
Boulogne
Bassin crétacé
Etaples
Montreuil
Rue
Isthme
Jurassique
Anglo-Parisien
Tunnel projeté
LA MANCHE
Fig. 3.

L'érosion a emporté les lambeaux de terre sans protection qu'elle continue à absorber à l'époque actuelle. L'île d'Helgoland située à l'entrée de l'Elbe était beaucoup plus considérable aux siècles antérieurs; il n'en reste plus qu'un rocher consistant en une masse argileuse et molle détériorée aisément par les intempéries à la partie supérieure et les vagues à la base. Des récits exagérés ont été faits sur sa rapide démolition; mais il y a lieu d'accepter la probabilité du rattachement de l'îlot actuel à l'île de Sable, dernier vestige en train de disparaître. Adam de Brême rapporte qu'au XVIIe siècle on y faisait des récoltes. Le rocher d'Helgoland, avec ses hautes falaises stratifiés de grès bigarrés, est un poste de pilotes, précieux pour les navigateurs entrant dans l'Elbe.

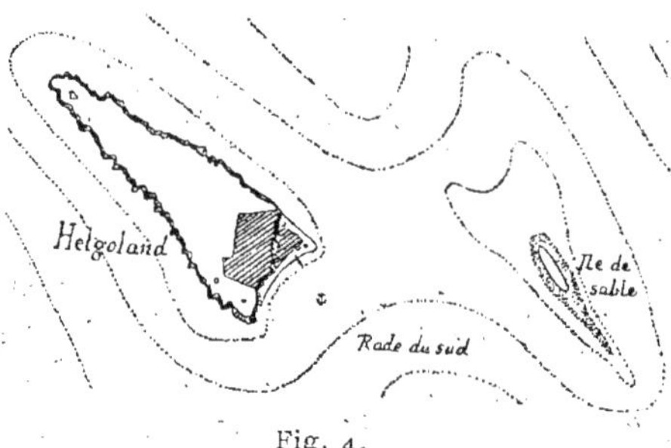

Fig. 4.

Ile d'Helgoland.

L'île de Sable, situé sur la côte de la Nouvelle-Ecosse, dans un endroit battu par les tempêtes, représente l'accumulation de toutes les alluvions de la côte. Les courants de marée propres à ces parages, portent sur cette île, sorte de point culminant émergé d'un immense banc de sable mobile où la mer brise avec fureur. Les déperditions s'y multiplient avec tant d'inconstance que la topographie de ses contours varie à chaque tempête; quoique le banc qui en forme la base soit considérable, l'île finira par disparaître. Depuis 1880 trois phares y ont été successivement érigés; le premier a été enlevé au bout de cinq ans, le second n'a pas résisté et le troisième élevé loin de la mer finira aussi par disparaître. Les brumes et les courants rendent l'île de Sable dangereuse pour la navigation; aussi a-t-elle été surnommée « le Cimetière de l'Océan. »

Sur les côtes de France on a signalé la disparition de plusieurs îles emportées par les courants; M. Lennier a fait l'histoire d'une petite île du littoral breton encore figurée sur les cartes du *Neptune Français* de 1753, l'île de Vic, qui se trouvait entre Cherbourg et le roc de Barfleur. Une première érosion a d'abord isolé l'île de la côte; puis des dépôts tourbeux se sont formés à l'abri des cordons littoraux, tels que ceux que l'on rencontre encore entre les roches actuelles; aujourd'hui les traces de l'île ont disparu.

Les tempêtes jouent un rôle important dans la modification des côtes sablonneuses; quelques heures de destruction suffisent pour provoquer des désastres. Dans une tempête du 19 octobre 1883 les digues de défense qui protègent les *mattes* du Bas-Médoc, dans la Gironde, furent rompues sur une étendue considérable. La brèche s'est produite au Chaysin, point vulnérable, où les courants ont le plus de violence : les mattes ont été submergées par les eaux salées et l'on craignit que le bourg de Talais fût inondé; il résulta de cette irruption de la mer que les terres furent plusieurs années sans pouvoir être mises en culture.

La tempête du 27 octobre 1882 atteignit une telle violence dans le golfe de Gascogne, qu'il se produisit sur toutes ces côtes un raz-de-marée, phénomène inconnu dans ces parages. Le vent poussait la marée au moment où elle montait; la mer subitement gonflée est venue battre les points qu'elle n'avait jamais atteints ou qu'elle avait abandonnés depuis longtemps par suite des envasements, dans le bassin d'Arcachon, dans l'estuaire de la Seudre ou dans le fond des Pertuis.

A Soulac, où le rivage est composé de dunes friables, la mer a dissous une bande d'une dizaine de mètres de large en quelques heures; il en est résulté un banc de sable qui émerge actuellement. En ajoutant les érosions de plusieurs tempêtes depuis 1855, la ligne de haute mer a gagné de plus de 25 à 30 mètres (1). Dans le bassin d'Arcachon les dégâts ont été non moins importants; le port de La Teste a été inondé; la digue voisine, qui a 800 mètres de long et s'élève à cinq mètres au-dessus de l'étiage, a été affouillée sur toute la longueur et coupée sur deux points; au moment de la pleine mer, les vagues passant par dessus, ont poussé des embarcations à plus de 500 mètres de la digue; plusieurs maisons ont été détruites et des cabanes de l'île aux Oiseaux ont été emportées.

(1) Bull. de la Soc. de Géogr. comm. de Bordeaux. Novembre 1882.

La désagrégation des roches. — En examinant les effets des assauts livrés par les vagues sur les rochers des côtes, on remarque qu'après avoir été projetées au moment de la rupture du flot, elles reviennent toujours entraînant des grains de sable et même des fragments de roches mêlés aux galets. Avant que le mouvement de recul soit achevé, les mêmes projectiles sont lancés de nouveau, agissant comme autant de percuteurs sur un même point, pendant plusieurs heures de la marée. Dans ce travail balistique tourbillonnant les masses pesantes effritent et

Fig. 5. — Entrée de la grotte de Fingal, dans l'île de Staffa (en Écosse), d'après une photographie.

usent les surfaces les plus résistantes qu'elles réduisent en grains de sable épanchés sur les plages et sur les barres du littoral.

Cette détérioration perpétuelle produit des effets variables suivant la composition des roches. Les assises stratifiées des calcaires friables sont érodées rapidement. Le choc répété des projectiles se fait normalement à la surface, il s'ouvre une excavation indéterminée à l'état initial, qui devient dès lors cause de l'accroissement de la cavité. Les lames glissant aussi sur l' parois latérales, opèrent un matellage plus impétueux contre le fond de l'entaille, dont les débris servent à continuer le travail. L'excavation, soumise à un concours de circonstances favorables, devient avec le temps caverne, arche ou grotte.

Fig. 6.

La Chaussée des Géants. Côte basal-tique au Nord de l'Irlande.

Les effets météorologiques s'ajoutent encore à ceux de la mer; dans les régions septentrionales, l'eau de mer projetée sur les roches se congèle pendant les froids en couches superposées; les marées les imbibant aussi deux fois par jour laissent pénétrer la gelée dans les fissures et les fait éclater; dans les régions intertropicales, la chaleur, jointe aux pluies d'orage, réduit en poussière les roches les plus dures.

Les falaises de la côte de la « mer sauvage » à Belle-Ile sont une des curiosités de l'érosion sur nos côtes. Elles n'ont pas

Fig. 7.

Falaises découpées à Étretat.

moins de 40 à 50 mètres de hauteur et cependant, au moment des tempêtes, on voit les puissantes vagues de l'Atlantique venir dénuder les sommets. Cette désagrégation a lieu d'une façon particulière ; les rochers essentiellement schisteux sont découpés en dentellures ayant une certaine ressemblance avec les fjords norwégiens. Les vagues creusent d'abord de petites baies séparées par des langues de rochers ; puis, elle se précipitent dans les anfractuosités ouvertes, isolent la langue de rochers en un grand pic, qui, plus tard, est lui-même divisé en plusieurs autres aiguilles. Ainsi se sont produit les singuliers obélisques naturels de cette côte particulièrement accidentée, parsemée de grottes intéressantes, dont la plus remarquable est celle de l'Apothicaire, ainsi dénommée à cause d'un grand nombre de nids d'oiseaux qui s'y trouvaient alignés à la façon des bocaux sur les rayons d'un pharmacien (1).

La mer a ainsi creusé les grottes profondes comme les grottes de Morgat, dans la baie de Douarnenez, au milieu des falaises de schistes calcaires ; en démolissant les noires colonnes de basalte de l'île de Staffa, dans les Hébrides, elle a créé la merveilleuse grotte de Fingal, qui a 80 mètres de profondeur, et rarement accessible en bateau ; elle a bouleversé la chaussée des Géants à Pleaskin Head, sur la côte d'Antrim, en Irlande ; chaussée colossale composée de fragments hexagonaux de colonnes basaltiques, d'un diamètre variant entre 15 et 40 centimètres, au nombre de plus de 40,000, formant un promontoire s'avançant dans la mer.

Sur les falaises de craie tendre comme celles des côtes de Normandie, l'érosion a découpé dans des poches plus friables les aiguilles d'Etretat, dont la plus haute s'élance à 67 mètres et les arcades de la Manne-Porte, les grottes du Trou-à-l'Homme et plus loin sur la même côte l'arche pittoresque de Saint-Martin-aux-Buneaux. La mer a donné aussi à certains rochers des formes fantastiques, en isolant des pylones, comme ceux des « Demoiselles de Fontenailles », trois aiguilles naturelles isolées au milieu de la plage D'Arromanches (Calvados), et dont il ne reste plus qu'un seul témoin dont la base est menacée à chaque marée. Il existe pareillement à Newquay, dans le Cornwall, le dernier témoin d'une roche dure fourvoyée dans une falaise

(1) La Nature 1875. II.

Girard, 3.

friable disparue, la « Queen Bess Rock », obélisque s'élevant solitairement au milieu d'une plage. Dans les falaises schisteuses des Orcades, les flots toujours en courroux dans les défilés de ce groupe d'îles, ont détaché un obélisque nommé « Old Man of Hoy », toujours voilé par les embrunes et les nuées d'oiseaux de mer.

Fig. 8.

Rocher isolé dans les îles Orcades, nommé « The old man of Hoy ».

Lorsque les vagues s'engouffrent dans les fissures profondes des rochers, elles y produisent l'effet d'un coin, retentissant comme une explosion de mine. Quelquefois, les circonstances aidant, elles creusent un puits de bas en haut, par l'orifice duquel chaque poussée jaillit en colonne d'écume retombant aux alentours. De là le nom de « Trous souffleurs » donnés à ces perforations. Dans l'île de Gozzo, située dans l'archipel de Malte, se trouve une cavité de cette nature, nommée la « Saline de l'horloger ». Dans les tempêtes les vagues s'y précipitent bondissant à plus de 20 mètres de hauteur et retombant ensuite. Vainement on a bouché l'orifice, la violence des vagues comprimant l'air l'a débouché, en provoquant une explosion. On connaît encore plusieurs trous souffleurs dans l'île de Minorque, à Newquay, dans le Cornwall, et à l'île de North Uist, dans les Hébrides, où, dans la « Caverne du Chaudron », l'eau jaillit à 60 mètres de hauteur. A Islay, dans l'Amérique du Sud, il en existe plusieurs dans la falaise voisine de la ville.

L'action érosive de la mer a certains points de rapprochement avec celle des eaux glaciaires, creusant les pierres les plus
dures avec des procédés identiques. Si les galets mêlés au sable
sont perpétuellement remués dans une cavité, avec ce mouvement tournoyant repris à chaque marée, la roche se creuse et il
se forme une « marmite de géant » comme celles de l'époque
glaciaire et dont les plus curieux échantillons sont à Lucerne au
« jardin des glaciers ». Plusieurs excavations de ce genre ont été

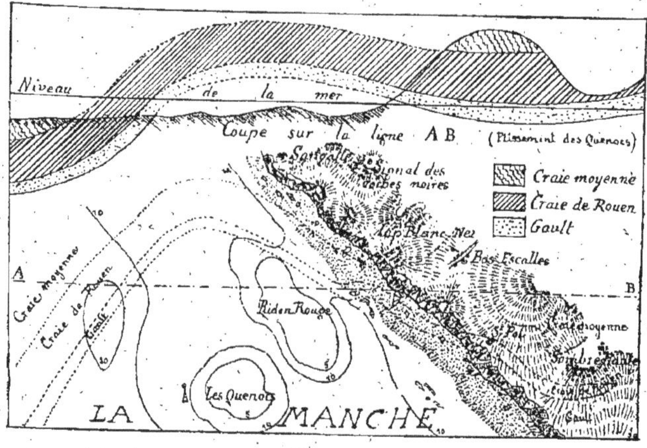

Fig. 9.

Érosion des couches de craie du Pas-de-Calais et leur affleurement près du
cap Gris-Nez (d'après les explorations géologiques pour le percement du
tunnel sous-marin).

signalées sur les côtes Scandinaves et particulièrement à
Hoëlstolmen où l'une d'elles aurait atteint 3 mètres de profondeur sur 1^{m}40^c de diamètre (1). Elles sont plus fréquentes sur
nos côtes qu'on pourrait le supposer. Nous en avons vu plusieurs spécimens à Saint-Énogat, près la Roche-Pelée, entre autres
un qui avait un mètre de diamètre et 80 cent. de profondeur.

La puissance des flots agissant sur une langue de terre étroite,
sur un isthme, provoque des modifications géographiques
importantes. Ainsi l'isthme du Pas-de-Calais qui réunissait

(1) M. Daubrée.

l'Angleterre au continent, suivant les géologues les plus autorisés, a été détruit par les marées poussées par les vents dans le fond du golfe de la Manche, déferlant contre des falaises peu résistantes, dont l'écroulement a contribué à la rupture de l'isthme. Un fait de cette nature s'est produit aux Indes ; la presqu'île de Râmnad terminée en flèche près de Toni-Tureï se prolonge par une chaîne de blocs naturels à fleur d'eau jusqu'à l'île Rameswaram. Cette digue, longue de 2 kilomètres, ressemble à une chaussée naturelle destinée à relier l'île à la Péninsule en barrant le détroit de Pemban. Suivant les chroniques locales, la communication existait au XVe siècle. Maintenant la mer a commencé sa destruction. La première brèche fut ouverte par une tempête en 1480 ; puis elle fut agrandie pendant les tempêtes suivantes : au commencement du siècle elle était praticable aux embarcations et actuellement la passe a cinq mètres de profondeur. Les restes de la digue se composent de deux alignements de rochers irréguliers, éloignés d'une centaine de mètres et présentant une certaine ressemblance avec les blocs artificiels destinés à protéger les jetées des ports.

Influence des vents dominants. — Les tempêtes qui bouleversent les côtes dans l'espace d'une marée, produisent des érosions faciles à concevoir ; mais l'influence d'un vent normal repoussant les eaux toujours dans le même sens, finit par en produire d'aussi importantes. Ceci est particulièrement sensible sur les rives des étangs littoraux, des lacs, des fleuves, exemptes des nombreux facteurs qui interviennent sur le bord de la mer. Le vent projetant de petites lames sur les berges friables d'un fleuve, les affouillent jusqu'à ce que, taillées verticalement, elles finissent par s'effondrer. Les matériaux ainsi dissous, éboulés au pied de la rive, sont emportés par les crues et déposés le plus souvent sur le côté abrité du vent. Il en résulte une rive verticale du côté du vent dominant et une rive en pente douce du côté opposé.

Cette particularité, remarquée sur plusieurs fleuves d'Europe, a été provisoirement attribuée au déplacement continu des eaux par la force de translation. La terre est animée d'un mouvement de rotation de l'ouest à l'est, avec une vitesse de 450 mètres à la seconde sur la ligne équinoxiale; ce mouvement ne modifie pas les positions relatives des corps solides, que l'attraction centrale fixe à la surface de la terre; mais il n'en est pas de même des fluides entraînés suivant une pente; tout point mobile qui se déplace de l'ouest à l'est, dans le sens de la rotation, a sa marche accélérée: s'il se dirige de l'est à l'ouest dans le sens contraire, elle est retardée. S'il se dirige de l'équateur vers l'un des pôles, il devance par suite de la vitesse acquise le mouvement angulaire du globe et dévie vers l'est. S'il se dirige de l'un des pôles vers l'équateur, il reste en arrière et dévie vers l'ouest (1). Partant de cette loi posée par de Bœër les rives des fleuves, et pareillement les bords de la mer, seraient influencés par la rotation de la terre; celle-ci s'accuserait par l'augmentation de la pression de l'eau sur la rive droite dans l'hémisphère nord et sur la rive gauche dans l'hémisphère sud. Il en résultérait une destruction de la rive soumise à la pression et une progression de celle-ci dans l'orientation indiquée.

De Bœër aurait fait, à l'appui de cette hypothèse, des observations probantes en Russie, sur le Don, le Volga, la Sviaga, etc.; elle serait aussi applicable au Rhône, dans la partie comprise entre Lyon et la mer; sa rive gauche tendrait à s'augmenter des terrains qu'abandonne le fleuve, dont la rive droite est rejetée progressivement du côté de la barrière des Cévennes.

Sans dénaturer la valeur de cette théorie, on peut cependant ne pas la séparer des causes les plus appréciables de l'érosion générale représentée par deux agents énergiques : la persistance de certains vents et le frôlement des courants. En examinant les rives de la Basse-Seine, dont le cours sinueux forme des bassins où se développent les ondulations dues aux vents d'ouest, on remarque que dans les endroits où ces ondulations acquièrent le plus de force, la rive qu'elles frappent est taillée verticalement et que même les arbres qu'elle porte, finissent par être déracinés; tandis que du côté opposé, le talus de la berge se prolonge en pente normale vers le fond du fleuve.

Cette manière d'envisager l'érosion se rapproche de celle dont Herr Klinge interprète une particularité des rivages de la Bal-

(1) Bull. de l'Acad. des Sciences de Saint-Pétersbourg. 3 février 1860.

tique (1) ; les marais littoraux existent seulement dans les groupes d'îles placés sous le vent d'est et cela seulement sur les côtes protégées. Dans la région orientale les plantes hygrophiles poussent sur la côte sud-ouest et les plantes xérophiles sur la côte nord-est. Herr Klinge rejette l'attribution de ce fait à la loi de De Bœër et cite à l'appui de son assertion les bras morts de l'Embach inférieur, qui, à quelques exceptions près, sont situés du côté sud de la rivière, dont les rives sous l'action du vent dominant ont été déplacées vers le nord, c'est-à-dire vers la gauche, contrairement à cette loi.

Le même auteur s'est aussi livré à une étude suivie sur l'accroissement de la végétation dans les nombreux lacs de la région orientale de la Baltique. Leur croissance paraît dépendre uniquement de la direction du vent pendant la période active de la végétation. Comme les vents du sud-ouest dominent dans cette région, le bord sud-ouest des lacs, situé au vent est garanti du choc des vagues ; par conséquent les gazons et les mousses s'y développent et s'étendent par degrés autour des extrémités nord et sud. La berge nord-est, sur laquelle brisent les vagues poussées par les vents du sud-ouest, ne présente aucune trace de végétation et reste généralement abrupte.

La disposition particulière à la topographie de la Région des Bugors à l'ouest de la mer Caspienne est un exemple du modelage obtenu par la persistance des vents. Ces collines de sable (*bugor*) consistent en longues péninsules d'une hauteur de sept à huit mètres, courant régulièrement de l'est à l'ouest, séparées entre elles par des canaux où les vagues se propageant toujours dans cette même direction, donnent naissance à un courant superficiel ; celui-ci a fini par régulariser la direction des canaux et des langues de terre qui les séparent. La région des Bugors, d'une longueur de 400 kilomètres en latitude, est une conséquence des atterrissements du delta de la Volga, dont les matières meubles, après avoir subi une première transformation de l'état boueux à l'état sablonneux, sont ensuite soumises à un genre particulier de répartition.

(1) Engler's Bot. Jahrb.

La destruction des falaises de la Manche. — Des deux côtés de la Manche s'élèvent de hautes murailles de craie; longs précipices au bord desquels s'étendent des cultures les couronnant d'une ligne de verdure. Cette masse de craie, identique des deux côtés de la Manche, appartient au bassin anglo-parisien qui s'étend depuis la vallée de la Tamise jusqu'à la Champagne. La roche est friable sur toutes ces côtes, où la mer prélève chaque année une bande de terrain variable; mais dont l'absorption est évidente. Des villes, des villages, des cultures dont l'histoire des siècles derniers fait mention, se sont écroulés dans la mer en même temps que le plateau qui les portait.

Les effets d'érosion sont surtout remarquables aux embouchures des cours d'eau à cause des effets de courants. Dans l'estuaire de la Seine, aux alentours du cap de la Hève, où les documents légués par les traditions et les études suivies des ingénieurs, fournissent des repères authentiques, on a constaté une érosion considérable.

De Lamblardie estimait à 400.000 mètres cubes le volume des éboulements d'une seule année. M. Lennier en cite plusieurs atteignant plus de deux millions de mètres cubes. Les plus considérables remontent aux années 1785, 1793, 1836, 1840, 1861 et 1863. Le talus des blocs écroulés constitue une ligne de défense contre les lames battant le pied de la falaise; mais la nature peu consistante de la roche, se laisse entamer facilement; elle se dissout et les silex abondants qui s'y trouvent inclus vont s'étaler sur les plages, servant plus tard de projectiles destructeurs. Les falaises sont aussi minées par les eaux continentales retenues par des couches imperméables, sur lesquelles elles provoquent des cavités; des fentes se produisent et des masses considérables se mettent en mouvement, glissant sur une couche d'argile. « Le 30 juin 1866, dit M. Lennier, les basses falaises était en mouvement depuis deux mois, des fentes se produisirent; le 1er juillet elles s'étaient beaucoup élargies et une partie considérable de la falaise s'ébranlait avec un bruit sourd et s'éboulait au milieu d'un nuage de poussière. En s'écroulant sur le talus d'éboulement, cette masse de craie en accélération de marche, entraîna la basse

(1) G. Lennier. Études géologiques sur l'embouchure de la Seine et les falaises de la Haute-Normandie.

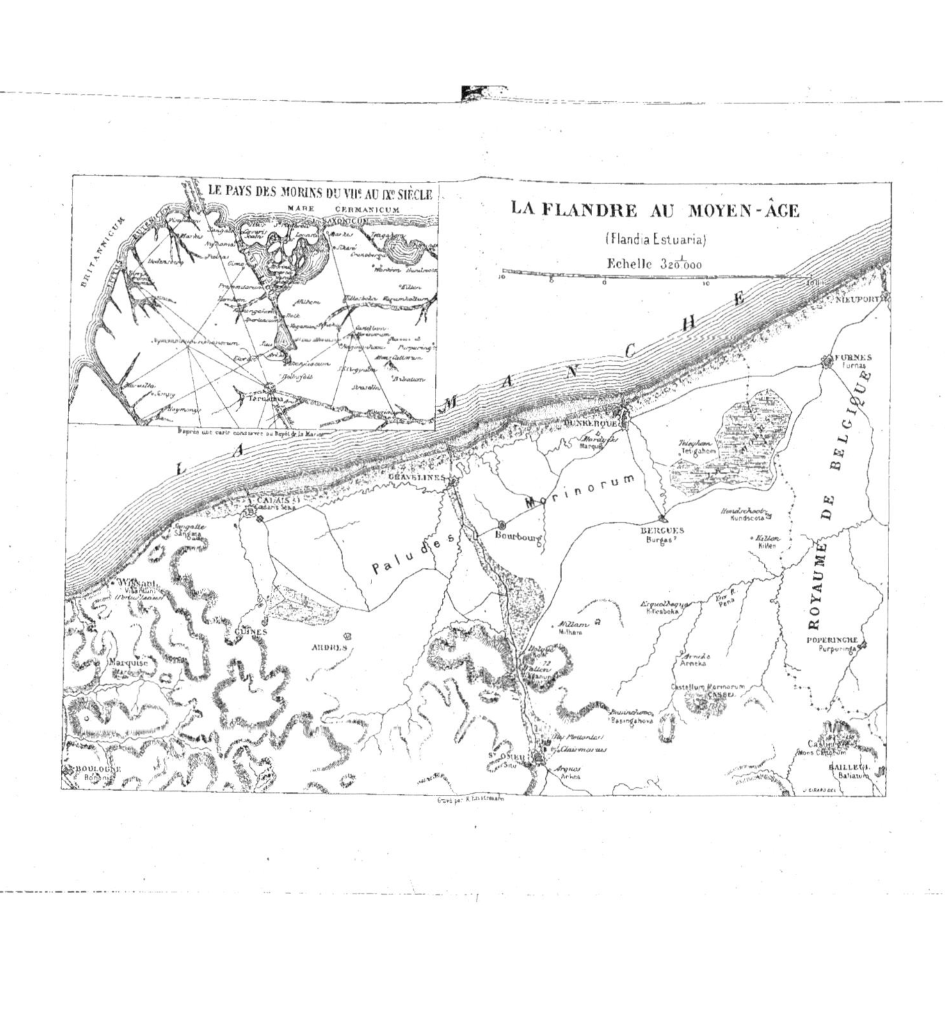

LE PAYS DES MORINS DU VIIe AU IXe SIÈCLE
MARE GERMANICUM
MORINUM
BRITANNICUM
D'après une carte conservée au Dépôt de la Marine

LA FLANDRE AU MOYEN-ÂGE
(Flandia Estuaria)
Echelle 320.000

LA MANCHE
NIEUPORT
FURNES
Furnas
DUNKERQUE
Marquise
Thieyham
Tei gahem
ROYAUME DE BELGIQUE
GRAVELINES
Morinorum
BERGUES
Burgas?
Hondschoote
Kundscota
CALAIS
Calais Sea
Killen
Killen
Paludes
Bourbourg
Sangatte
Sangata
Esquelbecq
Hilcaboka
R. Peene
Wissant
POPERINGHE
Purpuringa
William
Milham
GUINES
ARDRES
Arneke
Arneka
Marquise
Marquis
Castellum Morinorum
CASSEL
Basingahova
BOULOGNE
Bononia
ST-OMER
Situ
Arques
Arkes
Cassel
Mons Casellus
BAILLEUL
Baliatum

falaise sur une étendue d'environ 500 mètres. En cet endroit le talus avait près de 200 mètres de large et se terminant au bord

Fig. 11.

Coupe d'une falaise détruite à la base par les vagues.

même de la mer, par un escarpement formé d'argiles calcaires de cinq mètres de hauteur. L'amas de blocs de toutes dimensions projeté sur le galet pouvait être estimé à 4.000 mètres superficiels. Il formait un cap avancé d'une quarantaine de mètres dans la mer et la surface entraînée était de huit hectares. »

Tous les ans des éboulements de ce genre ont lieu sur toute la côte de la Manche, de l'un et de l'autre côté du détroit ; des blocs détachés des assises supérieurs reportent la base de la falaise plus au large, mais les courants finissent par réduire les décombres en sable, en graviers et en galets. Le cap de la Hève, déchiqueté de jour en jour par ces démolitions successives, aurait subi une érosion de 1.400 mètres, soit une moyenne de deux mètres par an, depuis l'an 1100, époque à laquelle une charte de Charles V, de janvier 1373, constate que le village de Saint-Denis-Chef-de-Caux, situé au promontoire de Chef-de-Caux, ancien cap des Calètes, a été submergé avec son église et son phare par les affouillements de la falaise. La position de ce village aurait été distante de 800 mètres du pied de la falaise actuelle. A cet endroit existe aujourd'hui le banc de l'Eclat, recouvert par une hauteur de 6 mètres d'eau. Le cap de la Hève est sans cesse menacé et l'on songe à reculer les phares qui la couronnent.

La falaise est donc non-seulement sapée à sa base par la mer, mais encore détruite dans sa masse intérieure par les infiltrations des eaux douces. On rencontre souvent une petite nappe aquifère sur des couches d'argiles de différente nature, filtrant à travers une autre couche de sable. Les eaux de pluie et de source pénètrent à travers les nombreuses cassures de la craie

alimentant les puits et certains ruisseaux. A la longue, les
cavités se transforment en cavernes, et s'éboulant subitement
donnent lieu à un affaissement plus ou moins sensible suivant la
distance où il s'est produit. Ensuite les sables étant délayés, ne
pouvant plus supporter la partie supérieure de la falaise, celle-ci
glisse et s'éboule sur la plage. Dans d'autres circonstances, la mer
attaque les couches inférieures ou sous-jacentes, pénétrant au
moment de la marée haute dans les couches solubles, les lavant
et finissant par y pratiquer des excavations de dimensions
toujours croissantes. Ce genre d'érosion se reconnait au

Fig. 12.

Éboulement des falaises par infiltration des eaux intérieures.

moment de la marée basse, où des filets d'eau salée s'échappent
de la masse crayeuse comme d'un réservoir.

L'infiltration des eaux douces a provoqué des glissements
considérables, à la suite desquels la physionomie du village a
été entièrement modifiée. Entre Arromanches et Port-en-Bessin,
les falaises ont 70 ou 80 mètres sur une longueur de cinq à six
kilomètres; elles se terminent par un front vertical de 30 à 40
mètres, précédé de deux ou trois rangs de collines moins
élevées, dont la base est battue par les vagues. Le terrain comporte une assise de 30 mètres de calcaire tendre reposant sur

une couche d'argile de 10 mètres d'épaisseur ; celle-ci, étant inférieure au niveau de la mer, reste cachée. La masse des falaises pesant sur ce banc d'argile le comprime d'autant plus qu'il est humidifié non-seulement par l'eau de mer, mais aussi par les infiltrations de l'Aure, rivière qui disparaît sous terre à 3 kilomètres de la mer et dont les eaux débouchent à Port-en-Bessin, sur la plage même. Cette disposition intérieure du terrain a provoqué des glissements des assises supérieures sur les couches délayées d'argile ; la masse de la falaise pesant sur une assise molle a glissé, en repoussant devant elle des parties moins élevées, d'où il est résulté un vallonnement parallèle à la plage (1). En 1856 une partie de 300 mètres de long et en 1859 une autre d'un kilomètre de longueur se détachèrent ainsi en conservant à peu près leur horizontalité.

L'action dissolvante des eaux de source a été rendue évidente dans l'affaissement des falaises de Sunderland, en Angleterre, en 1884. On ressentait depuis longtemps des secousses et ébranlements du sol accompagnés de bruits souterrains, dont l'origine fut ainsi expliquée par le professeur Lebour : il démontra que le massif sur lequel la ville est bâtie est constitué par une assise de 100 mètres d'épaisseur de craie magnésienne ; celle-ci est entrecoupée de fissures qui se sont agrandies par les eaux d'infiltration, d'autant plus que l'on avait foré des puits pour alimenter la ville. Pompée en abondance par des machines, cette eau contenait 500 grammes de craie dissoute par 4,500 litres, soit 15 mètres de craie dissoute extraits quotidiennement. Il résultait donc une déperdition des assises du sous-sol, engendrant des cavités dont le plafond s'effondrait en attendant que la falaise finisse par s'écrouler dans la mer.

Les couches de craie des environs du cap d'Ailly contiennent des poches argileuses, connues dans le pays sous le nom de « frettes » ; lorsque celles-ci se trouvent imprégnés d'humidité et qu'au moment du dégel, les circonstances s'y prêtent, il en résulte des effondrements. Ainsi s'est produit celui de janvier 1893 sur les hautes falaises de Dieppedale ; d'énormes blocs se sont détachés du sommet sur une longueur de 150 mètres et se

---

(1) De Dion. Note sur la destruction des falaises du Calvados. Ext. des Mém. de la Soc. des Ing. civils.

sont abimés avec fracas sur la plage ; on a cité un bloc isolé qui a été projeté à 100 mètres de la laisse ordinaire de la marée.

Lorsqu'un glissement de falaise est préparé depuis longtemps par le travail des érosions intérieures, une circonstance toute fortuite peut déterminer sa mise en marche. Ainsi, en mars 1893, on attribua à l'explosion d'une carcasse de navire détruite pour débarrasser le port de Sandgate, entre Douvres et Folkestone, un mouvement de falaise de 2.500 mètres de long sur 500 mètres de large. Le glissement fut d'abord lent ; puis le lendemain vers cinq heures il prit les proportions d'un éboulement, effrayant la population ; plus de 500 maisons furent détruites ou endommagées.

Ces accidents se renouvellent sur toutes ces côtes ; ils sont quelquefois tellement brusques qu'ils deviennent fatals pour les populations. En septembre 1874, un pan tout entier de la basse falaise de la pointe d'Archer, au dessous du poste des signaux de Bléville (Seine-Inférieure), s'est subitement écroulé recouvrant la grève de matériaux évalués à dix mille mètres cubes ; plusieurs personnes, dit-on, auraient disparu dans le cataclysme.

Les abords du Pas-de-Calais. — La dislocation des falaises est activée par les courants des marées violents aux abords du détroit du Pas de-Calais par l'échange des eaux entre la Manche et la mer du Nord. Suivant l'hypothèse géologique, l'isthme aurait rattaché l'Angleterre au continent, ainsi que le démontrait M. Philipps vers 1818 ; il aurait été rompu par l'érosion et la pression des deux murailles. La disposition hydrographique qui en est résultée, a eu pour conséquence une transformation rapide de certains points du littoral.

La Tamise, dont l'estuaire est disproportionné avec son importance fluviale, coule sur un ancien terrain submergé sur lequel se trouvait une forêt dont les traces sont évidentes ; suivant Wood : « les eaux se dirigeaient primitivement vers le sud par des canaux existant encore ». L'estuaire serait contemporain de la rupture de l'isthme ; car, antérieurement les eaux refoulées par les marées devaient s'y accumuler, ainsi que cela se produit en pareille circonstance (1). Le changement des embouchures

(1) Dumas-Vence. Notice sur les côtes de la Manche.

de rivières à la suite d'ensablements survenus à cause des alluvions, a été fréquemment constaté.

L'île de Thannet, située à la pointe orientale de l'estuaire, a subi toutes les vicissitudes inhérentes au mouvement des marées dans la petite rivière de Stour ; celle-ci fut remplacée à l'époque romaine par un bras de mer désigné sous le nom de Wantsum et les Romains avaient créé deux ports : l'un à son entrée dans la Manche : Richbourgh, et l'autre à sa sortie dans la mer du Nord : Reculver. Non-seulement ce bras de mer servait de passage pour entrer dans la Tamise, mais l'espace compris entre les deux entrées comportait aussi un port appelé Rutupiæ. D'après Solinus, le premier écrivain romain mentionnant l'île de Thannet, cette île aurait été séparée du continent par un estuaire ou plutôt un étier. Bide, le Vénérable, lui donne une largeur de 3 furlongs, soit 603 mètres ; aujourd'hui la Stour n'a que quelques mètres de large (1).

Les anciennes chroniques ont retracé les périodes d'invasion de la mer sur les terres riveraines de l'estuaire. D'après Thomas Walsingham, il y aurait eu en 1334 une inondation transformant en marécages les pâtures de la côte du Kent ; une autre en 1404 aurait eu le même résultat désastreux. Toutes ces terres non protégées ont été inondées aux tempêtes du nord-ouest du XIIᵉ au XIVᵉ siècles ; encore aujourd'hui, malgré des digues, quelquefois insuffisantes, les terrains de Padstow, East-Ham, Plumstead, Erith, sont encore envahis.

La mer gagne constamment sur les côtes du Suffolk et du Norfolk ; ainsi Eccles-by-the-Sea a eu son église démolie par les flots des tempêtes (2). L'ancienne église de Reculvers, à l'ouest de Margate, est menacée ; l'ancienne ville de Regulbium, capitale d'un royaume saxon, construite à distance de la mer, a été insensiblement soumise à la destruction ; une muraille romaine servant de digue, ayant été emportée, on a exécuté des travaux de défense destinés à protéger son église servant de repère aux navigateurs. Cette côte est si sujette aux invasions de la mer, que les fermiers en tiennent compte dans leurs engagements de location.

(1) Dumas-Vence, *op. cit.*
(2) A. Ramsay.

Les déblais de l'érosion se sont répandus en bancs nombreux et mobiles dans l'estuaire de la Tamise et dans le Pas-de-Calais. Parmi les lambeaux détachés de la côte, le banc de Goodwin, situé en face de Deal, près de la rade des dunes, ne serait qu'une ancienne terre ayant appartenu au comte de ce nom et où se trouvaient des pâturages ; d'après Rapin de Uroyas (1) une marée extraordinaire aurait achevé en 1096, ce que les érosions avaient commencé. Le banc de Goodwin Sands est actuellement tracé sur les cartes hydrographiques sous un aspect tout différent de celui qu'il avait au commencement du siècle ; comme tous les bancs de l'entrée de la Tamise, il est sujet à des perturbations dangereuses pour la navigation si active en cet endroit.

Une partie des érosions des falaises de la côte anglaise est entraînée dans la Manche où elle est accumulée sous forme de plaine alluviale triangulaire à la pointe de Dungness modelée par la rencontre des courants littoraux. Cette plaine, composée d'une terre grasse et fine, plus ou moins mélangée de sable, cultivée avec avantage, est entourée d'une digue protectrice de cinq kilomètres de long. Mais une partie des sédiments transportés par ces mêmes courants s'est arrêtée dans les petits ports de la côte du comté de Kent ; ceux ayant été comblés après avoir subi une érosion, leur destruction a été complète. Les ports d'Hastings, Douvres, Sandwich, Hythe et Romney, désignés au moyen-âge sous' le nom d'*Old-Towns*, ont joué un rôle dans l'histoire maritime de l'Angleterre. Sous Henri VIII, 57 navires devaient y être perpétuellement entretenus ; ils offraient des abris sûrs et commodes. Hythe, Hastings, Romney ont perdu les estuaires qui leur servaient de port, et Douvres n'existe qu'à cause des travaux entrepris à grands frais pour assurer la communication avec le continent. L'histoire d'Angleterre a souvent mentionné les *Cinque Ports*, unité défensive, placée sous l'unique juridiction du *Lord Warden of the Cinque Ports*, fonction encore conservée de nos jours, comme un titre purement nominal, destiné à perpétuer une tradition nationale.

La submersion des Pays-Bas. — La Flandre française, une partie de la Belgique et la Hollande ne sont qu'une même

(1) Speed. 1600.

acception géographique. Il s'est passé dans ces régions un phéno-mène analogue à celui qui a dû se produire pour les Landes de Gascogne ; le régime des marées ayant été changé, les flots ont déposé sur ces plages basses un cordon de dunes protectrices des envahissements de la mer, mais empêchant l'écoulement des eaux intérieures ; des étangs et des marais ont subsisté jusqu'à ce que la main des habitants ait pourvu à leur écoulement.

Le pays des *Wateringues* était marécageux aux débuts de l'époque historique ; à l'époque de Jules César, les *paludes morinorum*, dominés au sud par le *Castellum Menapiorum*, aujourd'hui Cassel, situé à 175 mètres d'altitude, étaient couverts par les eaux de la mer poussées par les grandes marées, et auxquelles se joignait l'estuaire de l'Aa, dont l'écoulement était trop lent pour en opérer le drainage. La mer s'avançait jusqu'à *Sithu* (Saint-Omer) et les traditions du XIIe siècle permettent de croire que les barques arrivaient sous les murs de cette ville. Les commentaires de César désignent la Flandre tantôt sous la domination de Bocagère et de Forestiere, tantôt sous le nom d'*Estuaria* ; d'où il faut conclure que cette région était remplie d'un dédale inextricable d'îlots couverts de végétation, entourés de roselières et de marécages inondés par la mer. A l'emplace-ment de Zuiderzee se trouvait le lac *Flevo*, mentionné par Tacite, et le *Castellum Britannicum* qui fut construit du temps de Drusus à l'embouchure du Rhin, à Catwich ; il exista jusqu'au Xe siècle, époque à laquelle une tempête le détruisit.

Les événements considérables relatés par les chroniqueurs prouvent qu'à partir du XIe siècle une quantité de terres et de villages fut submergée ; de vastes territoires étant emportés, des mers intérieures se formaient au milieu des marécages. Depuis cette époque reculée les irruptions de la mer sur des terres non protégées, sont signalées fréquemment ; les îles d'Ameland, Schelling, Vlieland, Texel furent séparées du conti-nent du XIIIe au XVe siècle, pendant que leurs matériaux for-maient les îlots sablonneux à peine émergés de la côte du Schleswig (1). Ces îles représentent aussi les derniers vestiges de dunes emportées par l'érosion ; ce sont les restes d'un rempart

____

(1) Dumas-Vence. Cong. Int. des sciences géogr. 1875.

attaqué d'un côté par les vagues de l'Océan et de l'autre par celles
de la mer intérieure. Le Texel, le lambeau le plus important,
ayant 22 kilomètres de longueur sur 10 de largeur, conserve

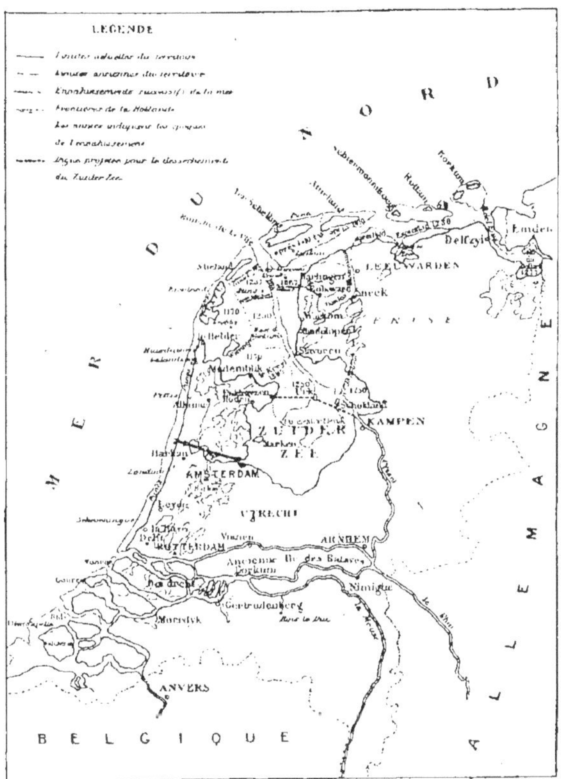

Fig. 13.

Les transformations du littoral des Pays-Bas.

encore une défense par la chaîne des dunes renforcées de digues
aux points faibles.

Au commencement de la période historique, on comptait
trente-deux îles plus ou moins importantes en bordure sur la
côte de la mer du Nord; actuellement il reste à peine douze îlots

Girard, 4.

sablonneux. Les cartes du siècle dernier les indiquent beaucoup plus étendues qu'elles ne le sont aujourd'hui. L'île de Nordstrand a été presqu'entièrement emportée ; l'île de Borkum a été diminuée de moitié ; l'île de Sylt, sur la côte du Jutland, est à peu près disparue. L'île de Wieringen faisait encore partie du continent en 1205 ; elle fut dissoute à la suite de plusieurs tempêtes et particulièrement de celle de 1252 (1).

Fig. 14.

Érosions et renclôtures de grèves sur la côte du Schleswig-Holstein ; entre l'Eider et l'Elbe, d'après le Dr Hansen.

Le golfe du Zuyderzée, innommé par aucun auteur latin, paraît résulter de la réunion de marécages occupant la région où se trouvait le lac Flevo, traversé par la rivière Flevum, débouchant dans la mer, probablement entre les îles Vlieland et Terschelling. Il n'est mentionné la première fois qu'en 1288, où la mer, rompant probablement des digues, y fit irruption. Son diamètre est de 60 kilomètres et sa profondeur, atteignant à peine deux mètres, est insuffisante pour la navigation ; aussi les Hollandais ont d'abord creusé le canal du Helder, joignant Amsterdam à la mer ; puis dernièrement, approfondissant le bras étroit de l'Y jusqu'à Ymuiden, on a relié la capitale plus directement avec la mer. On travaille actuellement au desséchement du

(1) Alting. Descriptio Frisiæ. 1701.

Zuiderzée. La digue principale aura une longueur de 29 kilom.,
et sera disposée de façon à protéger 275 kil. de côtes contre les
dangers des tempêtes du large ; les eaux fluviales de l'Yssel
s'écouleront par une série d'écluses, qui maintiendra le niveau
fixe de l'Ysselmer remplaçant le Zuiderzée. Cette digue monu-
mentale exigera un travail de huit ans et les digues secondaires
demanderont vingt-quatre ans.

Les golfes du Dollart et de la Jade ont une origine analogue à
celle du Zuiderzée ; le sens de leur creusement, conséquence de
l'érosion des vents dominants, se dirige
de l'ouest à l'est.

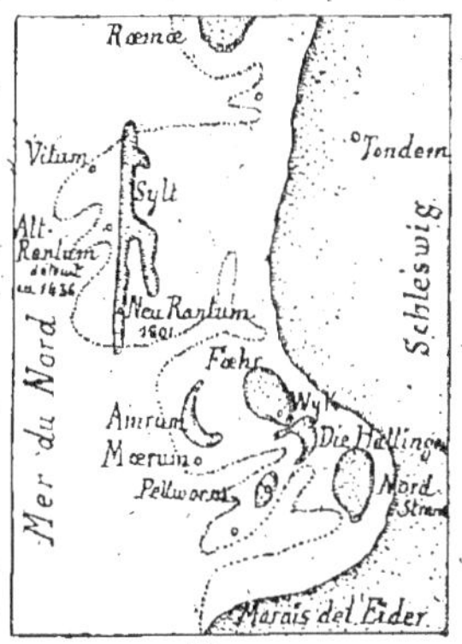

Fig. 15.

Erosions de la Frise septentrionale depuis le XIIIe
siècle.

Les Hollandais ont conquis leur
sol sur les eaux au moyen des digues,
depuis les temps les plus reculés ;
l'histoire signale de nombreuses ruptures ayant entraîné des désastres.
En l'an 1230, plus de cent mille habitants furent surpris par une inondation dans la Frise ; en 1470 et 1530
les mêmes événements se répétèrent.
Le Biesbosch (bois de joncs) près
Moërdyk, fut submergé le 18 novembre 1821 et 35 villages furent détruits ;
il ne reste plus aujourd'hui qu'un labyrinthe de canaux baignés par un
grand bras de la Meuse.

La submersion des Pays-Bas est principalement la conséquence de l'érosion et suivant l'expression d'Elie de Beaumont,
« les découpures érosives des canaux, ne sont que l'immense
delta du Rhin », où pénètre la marée de la mer du Nord,
d'autant plus tumultueuse que ces côtes se trouvent devant le
point de rencontre de l'onde venant de la Manche et de celle de
l'Atlantique qui a fait le circuit des îles Britanniques. Quand
elle est poussée par les vents d'ouest, elle acquiert une
violence par laquelle les bouches de l'Escaut et de la Meuse se
trouvent bouleversées et les canaux affouillés jusque dans les
plus petits étiers. On a aussi attribué la submersion des Pays-Bas
à un affaissement agissant concurremment avec l'érosion. La

dépression graduelle de certaines parties endiguées, serait le résultat de la surcharge des matériaux composant les digues élevées sur un sol d'alluvions. A ce poids s'ajouterait celui des masses de dépôts accumulés sous les efforts des eaux, additionné de celui des mêmes eaux retardées dans leur écoulement par la formation de seuils; enfin les endiguements resserrant les chenaux, ont fait élever le niveau des marées sur certains points particulièrement menacés (1). On cite à l'appui de cette observation de nombreux cas où l'écoulement des eaux provenant de l'intérieur, qui se faisait automatiquement à marée basse au moyen de clapets servant de vannes, a cessé, depuis que des travaux d'endiguement du voisinage ont retardé l'écoulement intérieur.

L'obligation de surélever graduellement les digues de certaines régions permet une conclusion favorable à l'affaissement du sol voisin du littoral. D'après des repères anciens, mais pour quelques points seulement, cet effet aurait eu un caractère intermittent. Il aurait atteint 9 millimètres par an au XVe siècle et 25 millimètres au XVIIIe. Il faudrait aussi tenir compte des effets de tassement des points de repère pris comme base. On a encore objecté d'autre part que dans plusieurs endroits, des travaux de protection remontant à plusieurs siècles ont conservé toute leur valeur première. Dans d'autres et particulièrement près des côtes, on cultive un sol situé à 8 et même 10 mètres en contre-bas du niveau de la mer (2).

En remontant à l'époque de l'invasion germanique, on a vu que le littoral était exempt de travaux de défense ; l'envasement aurait contrebalancé le mouvement de submersion lente, ajoutant au sol fléchissant un nouveau sol alluvial. Ainsi la partie méridionale des Flandres, où ce mouvement est moins accentué qu'en Hollande, est devenue habitable, malgré les marais dont le sol est entrecoupé. Dans le nord, au contraire, l'affaissement du bassin de Hanth est appréciable, d'après l'épanchement progressif des eaux marines. Après la construction des digues il s'est établi une sorte de colmatage spontané faisant obstacle à

(1) J. Bourlot.
(2) Elie de Beaumont. Leçon de géologie pratique, 1845.

l'érosion ; aussi ce pays reçut-il le nom de *Land van Vaas* (pays d'eau) (1). Ce grand bassin s'étendait encore au sud parallèlement aux cours de l'Escaut et de la Lys, souvent confondus dans le Klein Brandband et jusqu'à la Meuse, avec laquelle il paraît avoir communiqué librement à l'époque romaine.

On a constaté sur plusieurs points et d'après d'anciens repères des dépressions réelles. « Jusqu'en 1408 les polders avaient écoulé leurs eaux à marée basse ; mais l'affaissement progressif du sol finit par paralyser l'écoulement direct. Des moulins-à-vent durent être établis sur les digues pour suppléer aux clapets qui ne fonctionnaient plus. Deux siècles plus tard, en 1616, grâce à un repère pris en 1452, on constata que dans l'intervalle de ces deux époques, le sol s'était affaissé de 1^m25 à 0^m75 par siècle. En 1732, l'opération fut renouvelée et donna pour 116 années consécutives une différence de 0^m31 seulement ; ce qui correspond à 0^m26 par siècle pour cette seconde période ; soit en moyenne pour les deux : 0^m50, juste le double du chiffre que nous avions trouvé (2).

Cet état de choses a rendu impossible l'évacuation non seulement des eaux pluviales et d'infiltration des polders, mais encore de certains cours d'eau qui se jetaient autrefois directement à la mer, sans que celle-ci reflue dans leurs embouchures. Le Vieux Rhin ayant son embouchure obstruée par les amas de sable de la plage, s'épanchait dans un marécage. Depuis 1807, on a ouvert à Katwyk un chenal destiné à remplacer cette embouchure ; les eaux sont évacuées à marée basse par un formidable système d'écluses retenant les hautes marées qui atteignent 3^m40 au-dessus de la plaine traversée par le Vieux Rhin.

Les forages pratiqués dans le sol des Pays-Bas sur divers points ont permis de reconnaître que sous les alluvions modernes, les fossiles marins s'étendent jusqu'à une certaine profondeur. La superposition des couches semble indiquer les alternatives de l'érosion. Ces indices se combinent avec une série de phénomènes complexes provenant du rôle des marées, qui ont augmenté la hauteur de l'eau dans un réseau de canaux tantôt larges, tantôt

(1) J. Jossens. Bull. de la Soc. Belge de géogr. 1877.

(2) Alphonse Esquiros. Revue des Deux-Mondes, 15 juillet 1855.

étroits, dont le régime n'est pas indépendant des vents dominants.

La protection des côtes. — Les attaques de la mer sont redoutables pour les côtes basses, et dangereuses pour certains points, où une marée favorisée par le vent, peut anéantir des cultures et détruire les propriétés. Depuis les temps les plus reculés, les habitants ont élevé des digues contre l'empiètement des eaux; celles qui remontent à la plus haute antiquité sont dues aux Indiens de la côte de Coromandel, à l'embouchure de la rivière Caveri; elles datent de quinze siècles et subsistent encore en bon état. Elles arrêtent les eaux de cette rivière qui, aux époques de crue, débite 13,500 mètres cubes par seconde. Ces digues protègent une vaste plaine très fertile arrosée par une multitude de canaux méthodiquement aménagés au moyen de prises d'eau en rivière. La surface ainsi irriguée et protégée est de 334,000 hectares; sans ce système protecteur elle serait envahie par les sables et les forêts de cocotiers détruites.

Il n'existe pas en Europe, malgré les merveilles de la construction moderne, un ouvrage hydraulique aussi étendu que la digue-viaduc de Chao-Hing, dans la province de Tché-Kiang, sur la côte orientale de Chine. Cette digue, établie sur les rives de la baie de Hang-Tché-Ou, mesure 144 kilomètres de longueur; elle comporte plus de 40,000 travées supportant un chemin de halage de 1ᵐ50 de large desservant un canal de navigation latéral. Les matériaux de construction ont été extraits de la montagne de Tay-Ing, près de la ville de King-Po, où l'excavation a plus de 500 mètres de hauteur. Ce travail gigantesque, qui a défié l'outrage du temps, a été exécuté à une époque reculée, remontant à plus de dix siècles, avant laquelle toute la contrée n'était qu'un vaste marais littoral en voie de comblement; l'endiguement l'a converti en terres fertiles pourvues d'un réseau de canaux servant aux transports et à l'irrigation (1).

En Europe, les Hollandais ont engagé une lutte acharnée contre les inondations depuis plus de dix siècles et si elle venait à cesser, elle ferait disparaître la majeure partie des Pays-Bas.

---

(1) Cobbold. Pictures of the Chinese : in E. Reclus. Nouv. Géogr. univ. 7.

Le sol qui, partout, est un don de la nature, est là une œuvre industrielle et patiente. « La nature a refusé tous ses dons; tout ce qu'on y cultive est l'œuvre du travail, de l'opiniâtreté et du labeur. Les maisons sont bâties sur pilotis, dans un pays où il n'y a pas de bois et les digues de la mer construites en granit, dans un pays où il n'y a pas de pierres... Ces défenses sont surtout considérables en Frise, où toutes les digues de bois sont soutenues par des blocs de granit apportés de Norwège. Quand on songe que cette formidable défense s'étend sur un rayon de près de 100 kilomètres et qu'elle brise l'effet de l'Océan appuyé tout entier au flanc de la province, on se demande quelles richesses il a fallu trouver dans le sol pour la défendre de l'ennemi. Autrefois la mer était à Leeuwarden, la capitale actuelle de la Frise ; les magnifiques campagnes qui l'entourent sont des terrains gagnés sur les vagues » (1).

Les premiers endiguements des Pays-Bas datent du XIe siècle (2) ; ils réunissaient ensemble des îlots sablonneux égrenés sur la côte. Avec l'accroissement de la population, les digues se multiplièrent et se perfectionnèrent. Les rivages de la Frise, de la Zéelande et d'une partie du Schleswig, où la chaîne des dunes protectrices naturelles des invasions de la mer, est interrompue, on l'a remplacée par des *dunes artificielles*, formées par l'accumulation des sables poussés par le vent entre deux palissades de planches parallèles. Dans les endroits où l'emploi de ce moyen n'est pas possible, on construit des digues au moyen de fascinages remplis de terre ; on cultive en prévision de ces travaux des saules d'une nature spéciale. Dans l'édification des digues, on conserve du côté de la mer le profil de la plage, tandis que du côté des polders, on donne au talus une pente plus raide. Dans certains endroits dangereux, une seconde levée, derrière la première, est prête à toute éventualité.

Les eaux de pluie et d'infiltration s'accumuleraient dans les polders, si, après avoir été recueillies par un système de rigoles et de fossés, elles n'étaient perpétuellement extraites par des moyens mécaniques. On évalue à 395.000 hectares la surface des

(1) A. Esquiros. *Loc. cit.*
(2) Dr Hansen.

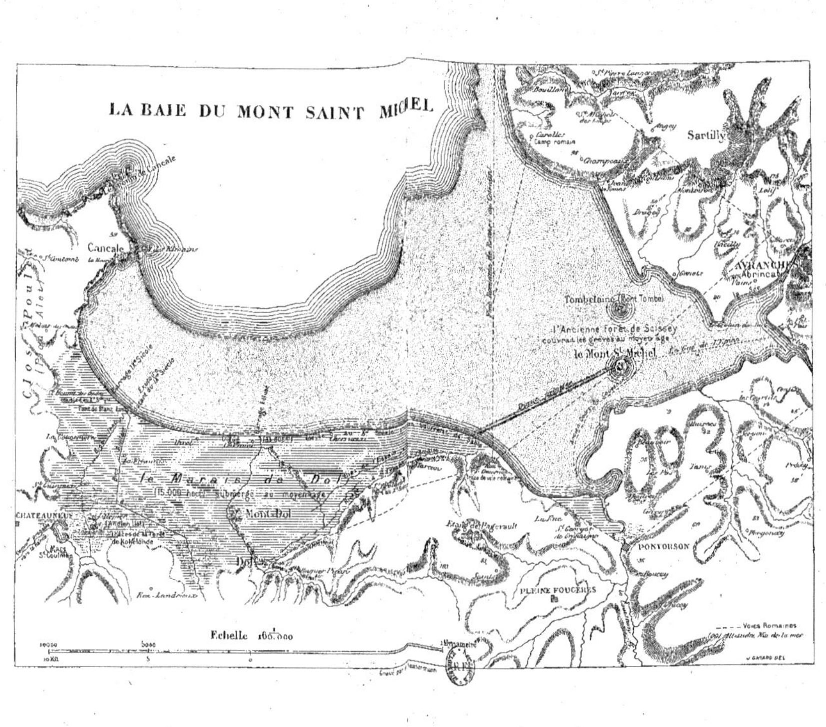

LA BAIE DU MONT SAINT MICHEL
Sartilly
AVRANCHES
Abrincat
Cancale
Tombelaine (Mont Tombe)
l'Ancienne forêt de Scissey
couvrait les grèves au moyen âge
le Mont St Michel
CHATEAUNEUF
Mont-Dol
le Marais de Dol
(15.000 hect.) submergé au moyen âge
PONTORSON
PLEINE FOUGERES
Echelle 1/166.000
Voies Romaines
(00) altitudes N. de la mer
J. GIRARD DEL.

terres reconquises par les endiguements depuis le XVI⁰ siècle (1).
Dans ce chiffre figure le dessèchement de la mer de Harlem, un
des grands travaux contemporains. Les conquêtes progressives
sur la mer atteignent une moyenne de trois hectares par jour
depuis le commencement du siècle.

Les digues monumentales de Zéelande, à l'embouchure de
l'Escaut, qui protègent l'île de Walcheren, s'étendent sur une
longueur de 3.800 mètres et s'élèvent au point le plus bas à
7 mètres au-dessus des plus hautes mers; elles remplacent la
solution de continuité dans la ligne des dunes du rivage, sorte
de rempart naturel élevé par la mer. Ces digues, situées près de
West-Cappel, protègent le point le plus saillant de la Zéelande,
exposé aux rudes assauts des tempêtes d'hiver.

On a élevé au Helder des digues monumentales, destinées à
conserver intact le seul port en eau profonde de ces côtes; elles
s'étendent depuis Nieuw-Diep jusqu'au fort de Prince, sur une
distance de 10 kilomètres. Leur hauteur atteint 12 mètres au-
dessus du niveau de la mer et leur profondeur est située à
20 mètres en contrebas des basses mers, se prolongeant
sous les eaux en formant un angle de 40°. Elles sont
construites en blocs de granit apportés de Norwège, en pierres
calcaires provenant de Belgique, et la base est soutenue par des
blocs de rochers. La partie supérieure couverte de terre gazonnée, porte une route d'où l'on peut contempler l'œuvre des
ingénieurs; ce rempart qui surgit des eaux est entrecoupé
d'épis transversaux en fascines couvertes de pierres s'avançant
à 200 mètres sous la mer.

Un bras du Rhin dont le nom semble attester la décadence :
le Vieux Rhin, le seul bras qui ait conservé son nom au milieu
des Bouches de l'Escaut, véritable estuaire du fleuve, se per-
dait au commencement du siècle dans les sables amoncelés
derrière la chaîne des dunes, depuis une violente tempête que
la tradition faisait remonter à 839. Une partie de l'eau parvenait
à s'écouler jusqu'à la mer, tandis que l'autre croupissait au milieu
des marais. On ouvrit en 1807 un canal par lequel elles se
déchargèrent à marée basse. L'entrée de ce canal est garantie

(1) Staring.

par une sorte de forteresse cyclopéenne, dont toutes les assises
sont fondées sur pilotis. Un triple système d'écluses s'échelonne
dans ie canal pour parer aux inconvénients de l'ensablement et
de la rupture des portes; celles-ci, multipliées les unes derrière les autres, sont manœuvrées par un puissant mécanisme. Dans les moments de fureur de la mer, on fait des con-
cessions en ouvrant les premières portes, pour permettre aux
vagues de s'y épanouir en brisant. A marée basse on ouvre tout
le système des écluses, permettant ainsi aux eaux accumulées de
s'échapper en entraînant les sables amenés à la marée haute.

Les abords du territoire français faisant face à l'Océan ne
sont pas aussi menacés que les Pays-Bas; sauf quelques points
situés près des embouchures, une ceinture de rochers noirs et de
hautes falaises blanches protège ses contours contre les érosions
d'une mer souvent agitée. Le budget a été grévé de 256 millions
pour l'exécution de travaux d'art et de protection dans une
période récente embrassant les vingt dernières années, pour
nos 195 ports, grands et petits, tant sur les côtes de l'Océan
que sur celles de la Méditerranée.

Notre littoral sablonneux des landes de Gascogne est défendu
naturellement par une épaisse chaine de dunes, sans laquelle le
sol à peine élevé au-dessus de la mer aurait été envahi. La protection des dunes manque là comme partout ailleurs où s'ouvre
l'estuaire d'un cours d'eau quelconque. Les remous perpétuels de
la marée interdisent toute fixation des bancs et ensuite des
dunes. Dans le voisinage de l'entrée de la Gironde, où les courants s'ajoutent à l'impulsion des vents dominants, on s'est
efforcé de combattre la destruction de la péninsule de Grave,
qui forme la protection naturelle de l'estuaire. Depuis la pointe
de la Négade jusqu'à celle de Grave la base des dunes est affouillée
et la limite de haute mer tend à se modifier tous les ans ; la mer
a emporté une bande d'une largeur de plus de 500 mètres dans
certains endroits, sapant sans discontinuer les rives de l'isthme
sablonneux. S'il était détruit, la mer se précipiterait à travers
l'ouverture sans cesse élargie, inondant les plaines du Palus de
Soulac, anciennes terres conquises sur l'estuaire et aujourd'hui
cultivées. La péninsule de Grave serait transformée en île et la
rade du Verdon, si appréciable pour la navigation, recevrait les

sables d'alluvion des dunes. En outre le régime des courants de l'ouverture de la Gironde étant changé, la passe dite du nord, accessible aux plus grands navires, serait obstruée.

On oppose à cette destruction permanente des digues ou épis perpendiculaires à la direction de la côte et espacés de quelques centaines de mètres, depuis la pointe de la Négade jusqu'à l'extrémité de la péninsule. Ces épis en maçonnerie ont une vingtaine de mètres de large et plus de cent mètres de long depuis les limites de la basse mer. L'extrémité est clayonnée; leurs faces latérales sont protégées par des fascines remplies de galets et des alignements de pieux destinés à briser l'élan des lames et empêcher les affouillements. Par leur position, ces épis amortissent le courant littoral, soit dans un sens, soit dans un autre, et de plus l'espace réservé entre deux épis parallèles et consécutifs, se transforme en un bassin d'épanouissement où l'interférence des ondulations arrête leur violence. A la Pointe de Grave, on a construit une série de digues encore plus considérables. La jetée de l'anse du Fort, longue de 120 mètres, a été protégée par des blocs artificiels de béton dont chacun cube plusieurs mètres. Cet entassement de blocs le long des remparts en maçonnerie brise les lames et empêche l'affouillement des murs fondés sur le sable. Plus de vingt millions ont été dépensés depuis un demi-siècle pour défendre cette péninsule et cependant la victoire ne reste pas toujours aux ingénieurs, qui voient quelquefois les travaux de plusieurs années emportés par une tempête.

Probabilités comparées. — La destruction s'opère perpétuellement sans arrêts sur toutes les côtes des continents, entamant rapidement les côtes basses et respectant plus longtemps les côtes protégées par des rochers. Si la Hollande n'avait pas été défendue par la main des hommes, nous verrions à la place un bras de mer, d'où émergeraient quelques bas-fonds, pénétrant dans l'Europe du Nord. Si les côtes de l'Armorique n'étaient pas composées de rochers de granit, la péninsule qui termine la France aurait été emportée.

La superficie de notre territoire est de 536,408 k. carrés (1) et le

(1) D'après le général Périer. C. Rend. Acad. des Sciences, 29 janv. 1894.

développement des côtes sur l'Océan, la Manche et la mer du Nord est de 2,075 kil. Dans les évaluations de la superficie on a admis une fluctuation moyenne d'environ 30 kilom. carrés pour les conquêtes de la mer et autant pour les atterrissements qui paraissent les compenser.

En prenant un type des progrès de l'érosion, par exemple celui des falaises friables de la Manche, on est amené à une approximation de la transformation qu'ils peuvent opérer. Les circonstances diverses agissant sur ces masses de craie détruisent sur certains points en moyenne une tranche de 0^m50^c de largeur par an, surtout par voie d'éboulements; ce facteur a été accepté par plusieurs spécialistes autorisés. En admettant que la désagrégation se poursuive régulièrement dans la suite des temps, il en résulterait qu'une tranche de 10 mètres d'épaisseur serait détruite en 50 ans; en mille ans la falaise aura reculé d'un kilomètre. S'il en était ainsi depuis l'embouchure de la Seine, Rouen serait atteint dans 30,000 ans et Paris dans 100,000 ans. Périodes considérables par rapport à la durée insignifiante de la vie humaine, mais très appréciables pour les horizons géologiques où la supputation du temps est infinie.

The grey man path
(Côte occidentale d'Écosse).

III

LES MOUVEMENTS DES SABLES

Les grains de sable. — La molécule arrachée au granit du rocher, insignifiante par elle-même, mais agglomérée en masses énormes, concourt à la formation de nouveaux rivages ; résultat des forces érosives, elle les transforme en atterrissements destinés à combler le vide qui en est la conséquence.

Le grain de sable porte dans sa nature même l'indication de sa provenance ; l'examen microscopique révèle ses caractères ; il permet de reconnaître à quelle roche il appartient, et par conséquent de déduire le trajet parcouru par ce témoin infiniment petit de l'érosion ; les formes, les arètes de la surface indiquent les vicissitudes de son transport. Si les arètes sont vives, anguleuses, à peines émoussées, il a été exempt du froissement des galets et protégé au milieu de ses congénères ; il a cheminé mélangé à la vase. Si au contraire, sa surface est effritée et arrondie, il est probable qu'il a été trituré au milieu de corps plus volumineux.

Ces grains sont composés de quartz feldspathiques, de quartz hyalin, et de calcaire opaque provenant de rochers volcaniques ; quelquefois ils sont accompagnés de lamelles de mica, dont la brillante scintillation donne le reflet de parcelles d'or. Le quartz, corps dominant dans les grèves rocheuses, est inattaquable à la réaction chimique des acides. Ces grains dont la ténuité est souvent réduite à un dixième de millimètre de diamètre, résiste à la décomposition de l'eau salée, mais les feldspaths tendent au contraire à se réduire en limon. L'analyse de ces grains de sable se fait par la lévigiation, destinée à les débarrasser de la vase; l'acide chlorhydrique ne détériore pas les fragments de roche quartzeux ou feldspathiques, mais il a la propriété de dissoudre les calcaires. S'il se trouve des grains de fer oxydulé, l'attraction de l'aimant indique leur présence.

Toutes ces particules ténues, douées, à cause de leur faible volume, d'une extrême mobilité, sont distribuées méthodiquement par le mouvement des eaux. L'égalité de leur densité, de leur nature, motive leur cheminement en masse. Si cette égalité n'existe pas, la lévigiation mécanique de la vague fait la répartition : en se déployant sur la pente de la plage, elle refoule les plus lourdes à la partie supérieure, à la limite des hautes mers, et entraine les plus légères dans les régions inférieures où les courants opèrent une répartition de densité, jusqu'à ce que le grain de sable soit définitivement fixé sur un banc faisant partie d'une agglomération d'ensemble et destinée à former une nouvelle assise géologique.

Fig. 18.

Grains de sable quartzeux. Grossissement 1/50.

Les grandes nappes sablonneuses des grèves nivelées par la mer n'ont le plus souvent qu'une faible inclinaison, surtout quand elles occupent le fond d'un golfe. Ainsi les grèves de la baie du Mont-Saint-Michel, s'étendant sur une surface considérable, sont presque horizontales et la marée les mouille seulement pendant quelques instants, en s'y précipitant avec la vitesse d'un cheval lancé au galop et se retirant de même. Les sables qui tapissent les grèves et le sol sous-marin ne sont composés que de débris de coquilles calcaires et de silice enlevés par les courants aux bancs coquilliers de la Manche et aux roches granitiques et amphiboliques des pointes de la presqu'île. « Ces matières cheminent le long du littoral à la faveur des vagues et des courants de flot, et tenues en suspension par les eaux agitées, se déposent en se classant suivant le poids des éléments et se fixant à différentes hauteurs dans les criques plates et abritées. Le sable à bâtir se dépose dans les parties basses et au large. La « tangue », sable fin composé de 30 parties de calcaire et de 60 de silice, avec vase et matières organiques, est très recherché pour l'agriculture et ne se dépose que dans les baies, sur les bancs, dans les chenaux, quand les eaux ont perdu une partie de l'agitation du large. Les dépôts de tangue qu'on trouve à diverses profondeurs jusqu'au fond des chéneaux, ne dépasse pas en hauteur le niveau des hautes mers de morte-eau. Au-dessous de ce niveau toute agitation cesse et la vase se dépose. La plage qui constituait une grève blanche passe à l'état de grève vaseuse ; puis de grève herbue, couverte de criste marine d'abord, de gazon ensuite et devient ensuite mûre pour l'endiguement » (1).

L'horizontalité presqu'absolue de certaines plages sablonneuses provient de la disposition du sous-sol, de la densité des grains et de leur homogénéité combinée avec l'action nivellante du mouvement des vagues. On se rend facilement compte de ce nivellement naturel en voyant avec quelle rapidité les cavités pratiquées sur une plage, disparaissent à l'arrivée des premières vagues qui liquéfient la masse sablonneuse.

Les rides et les ramifications, le gaufrage aux dessins variés déprimant la surface de la grève après le passage de la marée, laissant une multitude de lagons striés, ne sont pas seulement la conséquence de ce passage brusque, mais bien celle d'effets multiples ; le vent agitant une nappe d'eau épaisse de quelques centimètres, opère par la lévigiation un triage entre tous ces grains de sable quelquefois d'apparence identique et cependant dissemblables. Dans chacune de ces rides ou « paumelles », orientées perpendiculairement à la direction du vent régnant, des grains de sable occupent, suivant leur nature, le fond ou l'arète de chaque ride ; leur mélange à la masse sablonneuse s'est effectué sous le passage des grandes vagues, mais l'accident qui a donné naissance au lagon superficiel après leur retrait, change la disposition des forces hydrauliques ; celle-ci, plus délicates et plus uniformes, transforment ainsi pour quelques heures la surface d'une plage en bigarrures aux tons chatoyants.

Sur nos côtes, où l'érosion attaque les roches dures, les expansions sablonneuses affectent une couleur jaune, quelquefois grise quand les tests coquilliers y sont nombreux. Sur certains

(1) Les Ports Maritimes de France. Tome II, 1876.

points de l'Océan Indien, les débris volcaniques se mélangeant à ceux des récifs coralliens, le fond de certaines plages est d'un noir brillant ; quelquefois il contraste avec des marbrures blanches, provenant de la distribution symétrique des innombrables fragments de coraux de coloration différente groupés par les mouvements des marées.

Fig. 19.

Spicules de corail des plages de l'Océan Indien. Spécimen recueilli à Hong-Kong (Chine).

Formation des bancs. — Le vent et les courants remuant les sables accumulés au bas de la grève avec un mouvement d'ondulation répété, les accumule au point où la rencontre de deux courants provoque le moment d'inertie ; ou bien quand un courant se trouve arrêté, il y dépose les matériaux qu'il entraînait.

Girard, 5.

Ainsi a été agglomérée l'Ile de Sable dans le voisinage de la côte de la Nouvelle-Ecosse représentant le sommet d'un banc considérable aux contours mobiles. Les anciennes cartes, remontant au début des travaux hydrographiques des Français sur les côtes canadiennes, n'indiquent qu'une langue sablonneuse de 74 kilomètres de longueur sur 4 kilomètres de largeur. Actuellement les deux extrémités recourbées en croissant sont à peine éloignées de 40 kilomètres; conséquence du mouvement des eaux chassées par le vent, elle est maintenant affouillée pour combler d'autres fonds d'où surgiront de nouveaux ilots.

Les sables sont ainsi entraînés à des distances considérables; tout le produit des érosions dissoutes des falaises de la Manche, a été transporté d'abord sur les côtes du Marquenterre, et ensuite sur les bas-fonds de la mer du Nord, où il s'étale en longs bancs orientés suivant la direction des courants remuant cette mer peu profonde; une autre partie a été abandonnée sur le trajet, le long des côtes de Flandre et de la Hollande, où elle constitue d'interminables chaînes de dunes.

Un banc est une plate-forme sous-marine dont le sommet est voisin de la surface de la mer, mais qui peut aussi se trouver dans des conditions d'assèchement à marée basse. Les sables ténus accompagnés de matières vaseuses occupent le fond des baies, où les courants, assez intenses à là marée montante, perdent leur vitesse au moment de l'écoulement, laissant après eux le sable apporté. Tel est le bassin situé entre l'île d'Oléron et le continent ; si le pertuis de Maumusson, par lequel pénètrent de violents courants, venait à s'oblitérer, ces bancs ou platins se transformeraient en alluvions définitives et plus tard le pertuis en champ de dunes. En attendant les rives se resserrent et les dunes d'Arceau augmentent progressivement la côte orientale de l'île depuis le château d'Oléron jusqu'à la pointe de la Perrotine. Les sables qui s'accumulent dans la sablière d'Arceau ne sont pas le plus dangereux pour la sablière de la pointe de la Perrotine, mais bien ceux dont la jonction se fait devant le chenal venant du nord pour aller ensuite se fixer au sud (1) Cette quantité considérable finira

(1) J. E. F. Ducos de la Haille. Rapport au préfet de l'île d'Oléron, 1878. Manuscrit.

Fig. 20.

Atterrissements provenant du mouvement des eaux de la Gironde.

par combler l'espace entre Arceau et Boyard dans un temps plus ou moins rapproché, si le régime des courants ne se modifie pas, car les platins vaseux déposés par les eaux à leur point d'inertie finiront par combler le bassin ; tout ce qui rentre y reste.

Les bancs de sable constituent des écueils dangereux pour les navigateurs ; le navire qui s'échoue sur certains sables vasards peut être perdu comme s'il touchait sur des roches ; ils deviennent d'autant plus dangereux qu'ils possèdent peu de consistance et que la partie inférieure est pâteuse. Leur densité étant légère, ils cèdent sous le poids du navire échoué ; celui-ci ne flotte plus sur un liquide, ni ne repose pas sur un corps dur ; placé sur cette matière visqueuse, il est entouré de remous soulevant les sables lourds autour de la coque et creusant une « souille » de plus en plus profonde ; ils s'y agglutinent et l'enserrent de plus en plus ; chaque mouvement de la marée le fait enfoncer par un effet analogue à celui de la succion. De grands navires ont été ainsi enlisés dans les sables alternativement liquéfiés et solidifiés, jusqu'à ce que la coque finisse par être engloutie. Ces phénomènes se produisent aussi bien sur les bancs de vase des embouchures des fleuves que sur certaines plages couvertes d'un sable d'apparence ferme.

Cordons littoraux. — La lame qui déferle sur une muraille de rochers ne l'attaque pas ostensiblement ; mais si elle s'étale sur une grève en pente douce sans rencontrer d'autres obstacles que l'inclinaison du sol, si celui-ci n'est ni trop raide, ni trop plat, si elle présente une inclinaison variable entre 10 et 30 degrés, il se produit une force antagoniste entre la lame qui monte et celle qui descend. De ce mouvement mécanique des eaux poussées par la marée, il résulte un amoncellement des matières meubles, des débris, des galets, avec refoulement des matériaux lourds, vers le point le plus élevé atteint par la marée. Cet amas symétrique est le *cordon littoral*. Il est ainsi désigné d'après son analogie avec ces rouleaux ou cordons d'herbes marines roulées par le flux et le reflux et abandonnés sur les plages après le retrait des eaux ; on lui attribue aussi cette dénomination par comparaison avec les lignes architecturales des édifices.

Dans un langage imagé on a donné aux cordons littoraux le nom de «Moraines de la mer». En effet, les moraines glaciaires sont déposées par le recul de glaciers, qui, avec une lenteur majestueuse, rejettent pierre par pierre les matériaux charriés par eux ; de même, les cordons littoraux représentent le rejet par le mouvement des eaux des matériaux travaillé par elles. Les uns et les autres représentent la limite extrême atteinte par deux puissants agents de modification de la surface terrestre : les eaux et les glaces. Ils deviennent aussi le témoignage du mode de formation de l'écorce terrestre écrit pour les générations futures.

La construction du cordon littoral dépend de nombreux facteurs, parmi lesquels se présentent : l'inclination de la plage, la direction et l'intensité du vent, le régime des courants, l'amplitude des marées et la nature des matériaux travaillés par l'érosion. Sur une grève ouverte aux grandes lames de l'Océan, le bourrelet abandonné au niveau des hautes mers acquiert plus d'ampleur que sur une grève abritée au fond d'un golfe. Dans le premier cas, il se compose de galets et de fragments de roches broyées ; dans le second, il est réduit à un dépôt de vases ou de sables à peine agglomérés ajoutés en couches successives.

Sur une plage d'inclinaison moyenne (Voy. fig. 21), la propulsion des eaux accumulera au point extrême un bourrelet, sorte de digue limitant le bassin maritime : A. Si la côte est friable et soumise à des courants agissant parallèlement, il y aura érosion simple et dilution des matériaux destinés à constituer des cordons littoraux sur les plages plus propices : B. Sur une plage soumise aux vagues profondes, les sables ne s'amoncelleront plus à la limite extrême de hautes mers, mais avant cette limite, au point même où elles brisent : il en résulte une barrière derrière laquelle s'accumulent les eaux continentales, jointes quelquefois aux eaux de la mer faisant irruption par des brèches ou en débordant par dessus dans les tempêtes : C. Dans les baies fermées et au fond des golfes où l'agitation est nulle, les eaux limoneuses se décantent lentement à chaque renouvellement de la marée et laissent sur les rives des vases tenues en suspension qui s'accumulent en couches superposées : D. Dans les mers exemptes de l'influence des marées, le cordon littoral est réduit à une construction plus simple et à des dimensions plus restreintes.

La différence entre la haute et la basse mer n'existe pas; il n'y a que la variation entre la «laisse» de temps calme et celle de mer agitée; entre elles on rencontre dans certaines circonstances des traces de zones intermédiaires marquant les agitations moyennes de la mer. Sur les plages méditerranéennes, malgré l'absence de marée, le niveau de la mer peut varier sur les rives de 1^m40 à 1^m50, suivant l'action des vents du large lançant les vagues vers la terre ou les vents de terre les faisant refluer vers

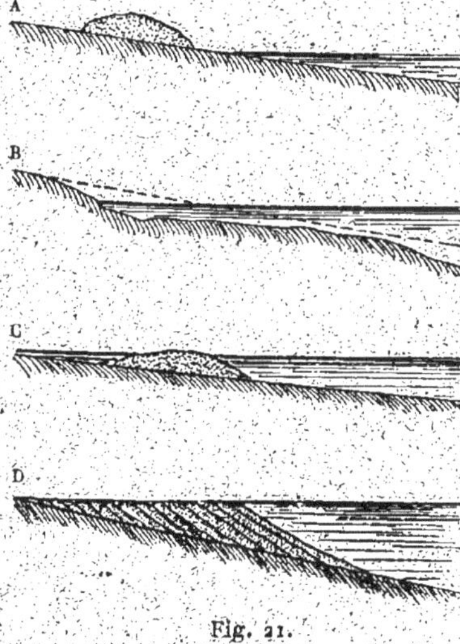

Fig. 21.

Types de cordons littoraux.

le large. La laisse supérieure représente donc les périodes de mauvais temps avec vent venant du large; celle de la partie moyenne l'agitation de la mer avec vents obliques et la laisse inférieure le niveau normal de beau temps.

Le cordon littoral concourt à la genèse des plages quand les sables véhiculés le long du rivage par les courants, sont perpétuellement remontés vers son sommet par les lames de fond. Ce genre de cordon se déploie sur des longueurs immenses à distance de la côte qu'il protège comme une digue; on le rencontre là où les longues vagues arrivant sur le bord d'un plateau sous-marin sont arrêtées dans leur élan par une pente graduelle et régulière du fond de la mer; arrêtées dans leur course, elles abandonnent au point d'inertie les sables destinés à se superposer.

Les plus remarquables cordons littoraux sont ceux de la Virginie et de la Caroline du Nord, aux États-Unis; ils s'étendent comme une digue naturelle, laissant entre l'Océan et la terre ferme une mer intérieure, dont la côte dentelée de baies, d'embouchures et de golfes, est protégée des assauts de l'Océan. Cette digue de sable a plus de 300 kilomètres de long.

Dans la Méditerranée, l'île des Giens a été rattachée au rivage par deux cordons de sable de plus de 5 kilomètres de longueur, entre lesquels a été renfermé l'étang de Pesquiers. Le cordon qui est exposé aux vents d'est plus violents que les vents d'ouest est plus large, tandis que celui du côté opposé est resté faible.

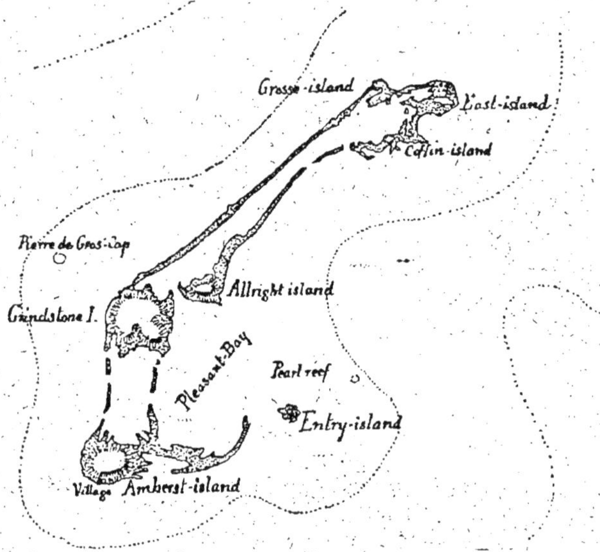

Fig. 22.

Iles Madeleine, dans la mer d'Anticosti, sur les côtes du Canada.
Exemple d'îles réunies par des cordons littoraux.

Les îles Saint-Pierre et Miquelon, près de Terre-Neuve, qui représentaient autrefois trois îles distinctes, comme l'indiquent d'anciennes cartes marines, ont été reliées par un isthme de sable. Le passage existant a été graduellement rétréci à partir du siècle dernier et définitivement oblitéré par un cordon de sables et de galets de 10 kilomètres. Sur la foi d'anciennes cartes des navires s'y sont échoués, car, trompés par les brumes fréquentes dans ces parages, ils n'aperçoivent pas cet isthme placé au niveau de la mer.

Parmi les cordons de sable qui ont modifié la topographie littorale citons ceux de l'archipel de la Madeleine, dans la mer d'Anticosti; occupant le sommet d'un plateau, cet archipel a été relié par plusieurs systèmes de cordons servant de points d'attache; ils se sont étalés dans le sens normal à la direction des vents qui soufflent de chaque côté avec une égale intensité, d'où il est résulté deux cordons parallèles.

Un bourrelet littoral se forme aussi sous les efforts violents et inattendus d'une tempête : en mars 1894 le port de Rye, en Angleterre, a été fermé subitement par un cordon de sable bloquant les navires qui s'étaient réfugiés dans le port.

Les Isthmes. — Un détroit servant de communication entre deux mers donne passage à un courant résultant de l'échange des eaux des deux nappes liquides diversement influencées par les vents, les marées ou la différence de densité. Si le fond s'exhausse, la vitesse du courant devient nulle; il en résulte avec un concours de circonstances favorables, une transformation du détroit en plateau sous-marin, remplacée plus tard par un cordon de sable remplaçant le détroit par un isthme.

L'isthme de Corinthe remplace un détroit ainsi oblitéré. Dans les travaux de creusement du canal, on n'a découvert que des couches successives de sable plus ou moins fines, représentant les différentes périodes d'activité des vagues; au bas on a rencontré la plateforme sous-marine; au-dessus le cordon littoral composé de différentes couches; puis au sommet de la construction élevée par les vagues et les vents, les dunes dont le point culminant est à l'altitude de 80 mètres. Dans toutes ces couches de sable on a découvert des coquillages analogues à ceux qui vivent actuellement dans les parages de l'isthme.

La Sebka-Faroum, le lac Triton des anciens, où les eaux de la Méditerranée s'épanchaient dans un vaste bassin d'une longueur extrême de 630 kilomètres, a été isolé par un bourrelet de sables élevé par les mêmes moyens naturels. Dans l'intérieur de la dépression saharienne des Chotts, M. Roudaire n'a pas rencontré de traces de coquillages marins; mais M. Lechatellier, ingénieur des mines, en a découvert dans les *ghoûrs*, témoins anciens d'une alluvion marine déposée au fond d'un lac salé aux eaux calmes ; sur le versant méridional de l'isthme, « il existe de nombreux coquillages marins couvrant en quelque sorte la plage jusqu'à une hauteur de 15 mètres au-dessus du niveau actuel de la mer. Ces coquillages appartiennent à toutes les espèces encore vivantes dans la Méditerranée et s'étalent parfois en bandes larges de plusieurs kilomètres » (1). Leur présence donne des renseignements sur la formation du cordon de sables qui a intercepté la communication entre l'ancien lac Triton et la Méditerranée ; les sondages pratiqués dans cet isthme au moment où l'on s'occupait de la reconstitution de la mer Saharienne, ont démontré qu'il était composé de couches de sable superposées, sans mélange d'aucune roche. L'exhaussement par l'accumulation des sables de dunes a d'ailleurs continué sans interruption depuis une époque reculée, puisque des ports de construction romaine placées sur le bord de la mer, sont actuellement relégués au-delà de plusieurs cordons littoraux à plus de 4 kilomètres dans l'intérieur.

Selon toutes probabilités, la mer Rouge aurait communiqué avec la Méditerranée par l'ouverture comblée, représentée aujourd'hui par l'isthme de Suez. Les lacs Amers, le lac Timsah sont les derniers vertiges du canal naturel unissant les deux mers. Les apports du Nil, remués par les vagues et dispersés le long du delta par les courants, sur les plages basses de l'Egypte, ont édifié des séries de cordons littoraux, qui, ajoutés les uns aux autres, ont définitivement obstrué la communication, rétablie artificiellement par le canal maritime de Suez. La présence des eaux marines dans les lacs de l'isthme a été affirmée non-seulement par leur degré de salure, mais encore par les dépôts du sol sous-marin rendus sensibles par des blocs de sel retirés du fond des lacs Amers composés de couches terreuses et salines superposées.

Un phénomène d'oblitération de même nature dans la période contemporaine est en voie de progression au détroit de Kertch, entre la mer Noire et la mer d'Azow. Celle-ci, soumise aux effets

---

(1) Edouard Fuchs. His. de l'Isthme de Gabès. Bull. de la Soc. de Géogr. Septembre 1877.

constants des vents dominants, est encombrée de sables provenant des fleuves qui y aboutissent ; ces matériaux meubles ont
déjà comblé le fond de la mer d'Azow et se déposent sur ses rives
sous forme de cordons littoraux, de flèches, de dunes, dispersés
au milieu des marécages. Le détroit de Kertch, autrefois beaucoup plus large, est réduit à un simple chenal : le golfe de Taman,
le lac Ataknizov, le lac Kiril, sont autant de renclôtures opérées
par les cordons littoraux ; le fleuve Kouban, qui se perd dans les
marécages et dans ces deux derniers lacs, apporte son contingent
de matériaux destinés à fermer le détroit, maintenu encore pour
quelque temps par l'échange des courants venant d'une mer ou

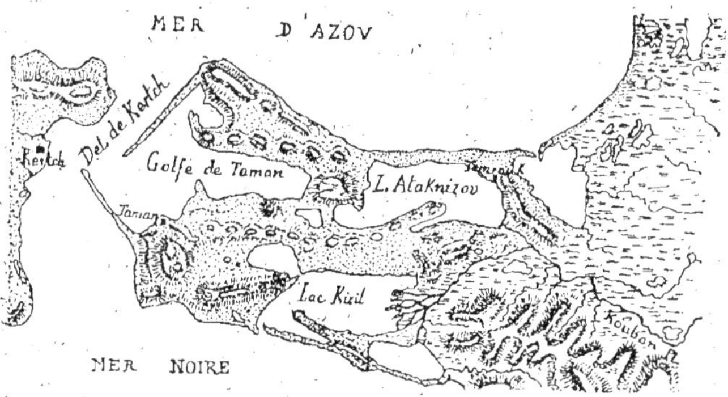

Fig. 23

Obstructions provenant de l'accumulation des sables, au détroit de Kertch.

de l'autre. Si une tempête bouleversant le sol sous-marin du
détroit, augmentait le plateau sablonneux qui en occupe le
fond, il serait placé dans des conditions favorables à l'édification
du dernier cordon, destiné à isoler définitivement les deux
mers ; le remplissage des vides existants serait rapidement
opéré et un isthme aurait fait place au détroit.

Les Flèches. — Au moment où l'eau s'écoule d'une baie
ou d'un estuaire, il se produit un courant contrarié par le
mouvement des eaux agitées ; celles-ci, douées d'une énergie
supérieure, remuent les sables des bas-fonds précédant les

plages et ramènent les sables au point d'inertie situé entre ces deux forces contraires ; il en résulte un dépôt. Si le sens du mouvement était perpendiculaire à la côte, il aurait pour conséquence la construction d'un bourrelet situé en haut de la plage, mais dans le mouvement de translation latérale au rivage, le dépôt s'opérant au point de rencontre des deux courants bifurqués, il est éloigné du rivage ; les sables s'ajoutant aux sables, il en résulte un cordon littoral dont la pointe sollicitée par des forces parallèles, s'allonge, se courbe, se transforme suivant l'activité du mouvement des eaux. C'est la *flèche* ou cordon littoral incomplet, conséquence d'efforts hydrauliques complexes.

La flèche se projette vers le large rarement en pointe droite ; mais elle est dirigée le plus souvent du côté où la résistance du courant est la moins forte, se terminant en crochet recourbé, auquel s'adjoignent souvent d'autres appendices. La flèche de Sandy-Hook, dans la baie de New-York, présente cette disposition due aux inégalités des courants qui l'influencent plus du côté du large que du côté de la baie de Navesink. La flèche du cap Cod, sur les côtes de l'Amérique du Nord, avec son crochet infléchi vers le nord, abrite une baie de 40 kilomètres de large,

Fig. 24.

Flèche de sable formée par les courants. Cap Cod (Côte d'Amérique).

protégée par une langue de sable, où les cordons s'ajoutent les uns aux autres, laissant sur ces rives changeantes l'empreinte de toutes les évolutions d'une mer où les bouleversements restent soulignés par ces modifications.

La différence du mode de propagation de la marée au milieu de plateaux rocheux donne aussi naissance à des flèches composées de galets mélangés au sable. Sur les côtes du Finistère, près du plateau des Héaux de Bréhat, le sillon de Talbert se détache des dernières roches en se projetant en mer sur une longueur de 3 kilomètres, comme une digue destinée à abriter un port. Les longues vagues de l'Atlantique arrivant sur l'accore d'un plateau de plus en plus élevé, remontent ainsi les sables et les galets au sommet du plateau.

La côte méridionale de la Baltique offre des exemples encore plus étendus de flèches allongées. Le Frisch Haff, partie de mer représentant l'estuaire peu profond de la Vistule, est bordé d'un cordon littoral percé de cinq ouvertures dues à l'irruption fortuite des eaux et conservées par les travaux des hommes. Le calme du golfe de Dantzig contraste avec les lames soulevées par les vents du nord expirant de l'autre côté de la digue de sable. La flèche d'Héla s'avance ainsi à 33 kilomètres de son point d'attache, limite extrême où est située la ville d'Héla, au sommet d'une dune boisée ; cette ville, entourée d'eau, ne communique avec le continent que par la chaussée établie sur le cordon même. Sur ces côtes, le Kurische Haff, qui représente un bassin littoral dans lequel se déverse le Niémen, est séparé de la mer par une flèche de 120 kilomètres de longueur, sur laquelle sont égrénées les villes maritimes de Sarkau, Nidden, Schwarzort et Memel, qui occupe le point extrême.

Les dispositions spéciales des abords des côtes voisines du golfe du Dnieper, dans la mer Noire, ont produit, entre autres types de cordons, la flèche de Tendra, qui, après une solution de continuité, se poursuit dans le même alignement sous le nom de Djarilgatz ; fermant la plus grande partie du golfe d'Odessa, elle se développe sur une longueur totale de 130 kilomètres.

La mer d'Azow, soumise à des vents dominants et réguliers, remuant des bancs de sable à peine recouverts par une mince nappe d'eau, a ses rivages hérissés de flèches construites toutes à peu près dans la même direction : celles de Belosara, de Dolgaïa, d'Obitochnaïa et de Fedolova projettent au loin du rivage leurs extrémités garnies d'appendices variables où sont tracées des courbures multiples dues aux changements de direction des vents et des courants. Elles donnent lieu à des crochets nombreux quand le tourbillonnement des eaux agit en sens divers, comme à la flèche de Berdansk, de 1 kilomètre de long dans la mer d'Azow, où les pointes sont greffées les unes sur les autres. La flèche d'Arabat s'allonge sur une ligne droite de 113 kilomètres, avec une largeur variant entre un et cinq kilomètres; elle sépare le Sivach, ou l'ancienne « mer Putride » de la mer d'Azow et a dernièrement été utilisée pour le passage du chemin de fer conduisant à la ville d'Arabat située à son extrémité méridionale. Le Sivach ne communique avec la mer d'Azow que par une ouverture ou « grau » située à l'extrémité nord de la flèche, dont la largeur est variable suivant les perturbations introduites par les tempêtes. Cette ouverture insuffisante n'opère pas le drainage de cet étang ainsi transformé en marécage insalubre par la stagnation des eaux douces mélangées aux eaux marines.

Lorsqu'un cordon littoral trouve un point d'appui à certaine distance de la côte, comme un îlot ou un rocher, il ne peut le

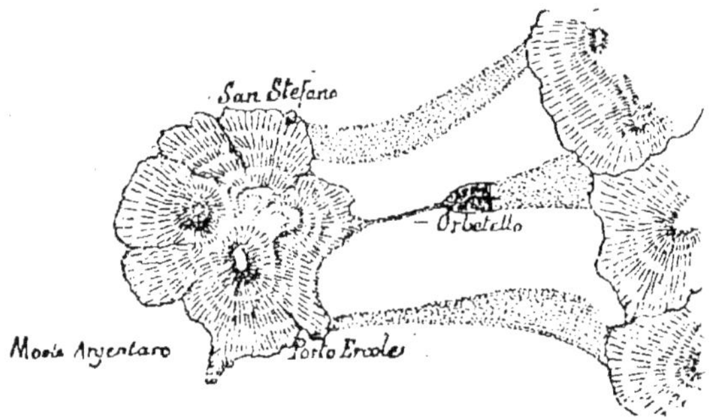

Fig. 25
Triple cordon littoral (Côte occidentale d'Italie).

dépasser et la flèche est limitée à cette attache. Telle est la digue naturelle de Portland (Angleterre), longue bande de sable de 15 kilomètres, protégeant la baie de Weymouth et reliant l'îlot de Portland à la terre ferme. La presqu'île de Quiberon, sur les côtes de Bretagne, présente une disposition analogue. Des circonstances de même nature ont donné lieu à une série de trois digues parallèles entre le Monte Argentaro et la côte d'Italie. Entre cette montagne isolée et la terre ferme, la petite ville d'Orbetello avait été construite sur une langue de sable, reliée plus tard par une digue artificielle au Monte-Argentaro pour abriter un port ; mais deux cordons symétriques se sont formés, l'un au nord, l'autre au sud, renfermant un lac marin au milieu duquel Orbetello se trouve placé. Aux premiers temps, la ville était accessible des deux côtés; mais actuellement elle se trouve enfermée entre deux lagunes, sans communication avec la mer ; le Porto Ercole en tient lieu, mais il est en dehors des lagunes.

Les mêmes circonstances ont réuni à la terre ferme la ville de Mahédia, sur la côte de Tunisie, attenant par deux cordons obliques ayant pris leur point d'appui sur le rocher où s'élève la ville. Le triangle occupé par le vide laissé entre eux a été insensiblement comblé et se trouve utilisé par la culture. La lagune intérieure, dernier vestige des marécages de la seconde période, est destinée à disparaître.

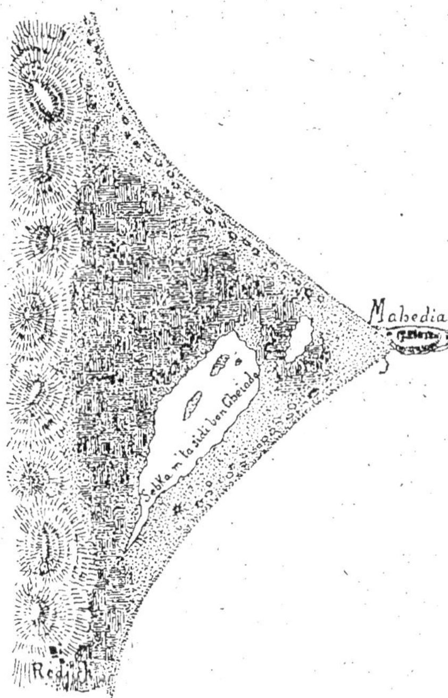

Fig 26

Plaine alluviale formée par la réunion de cordons littoraux à Mahedia (côte de Tunisie).

Il est à remarquer qu'il existe toujours une flèche de sable à l'embouchure des cours d'eau de faible débit qui se jettent dans une mer soumise aux alternatives des marées. Elle fait même partie intégrante du fonctionnement de l'embouchure; cette digue naturelle est édifiée par deux forces antagonistes: les puissantes lames du large et les eaux peu abondantes de l'intérieur, établissant un système protecteur et compensateur permettant l'écoulement des eaux à marée basse dont le volume emmagasiné produit une « chasse » destinée à entraîner les vases.

Dieppe, Fécamp, les Sables-d'Olonne et plusieurs ports de nos côtes, situés sur des estuaires de port, ont été bâtis sur des flèches de sable barrant l'estuaire.

Les endiguements naturels et les renclôtures. — Ces évolutions des sables disposés en cordons reportent les limites des rivages au-delà de leur position première et il s'établit un étang littoral entre l'ancienne limite et celle déterminée par la digue sablonneuse : plus tard il se transformera en marécage et définitivement sera desséché pour faire place à une plaine alluviale.

Ces renclôtures naturelles jouent un rôle important dans la transformation des côtes, et leurs progrès, constatés par des documents relativement anciens, sont plus rapides qu'il n'est donné de le supposer à première vue. Tel est le golfe de Kara-Boghaz, sur la côte orientale de la mer Caspienne ; ce lac étrange, visité pour la première fois en 1726 par Soïmonow, présente une surface considérable avec une profondeur maximum de 12 mètres au milieu. Les indigènes lui donnent le nom de « Gouffre noir », autant à cause de sa singulière configuration, qu'aux brouillards qui le couvrent souvent. Entre le golfe et la mer règne une digue de sable de largeur variable, interrompue seulement par une ouverture de 200 à 700 mètres de large, parsemée de bancs mobiles, où le courant toujours dirigé du côté du golfe pénètre plus ou moins suivant l'influence des vents ; il est partiellement équilibré par un contre-courant plus faible, dû à la plus grande densité de l'eau du golfe de Kara Boghaz, plus salé que la mer Caspienne. Les chaleurs torrides de l'été provenant de la réverbération des sables échauffés du désert, évaporent cette même nappe d'eau, dont les sels concentrés sont précipités au fond ; l'accumulation des couches cristallines sont tellement abondantes que le lac se comble progressivement. Von Baër a évalué la quantité de sel élaboré dans une chaude journée d'été à 350,000 mètres cubes ; le fond en est tellement recouvert, que la sonde ramène des blocs de cristaux agglomérés. Si l'étroit chenal au moyen duquel se fait la communication alimentaire par la mer Caspienne, se fermait, l'évaporation n'étant plus compensée, l'eau serait absorbée en quelques années ; le fond du lac serait transformé en une steppe salée, et pareille à toutes celles du bassin Aralo-Caspien, dont l'origine paraît due aux renclôtures successives opérées par le mouvement des sables (1).

Des renclôtures du même caractère ont transformé la ligne des rivages sans inclinaison de la Bessarabie, dans la mer Noire. Elles sont frangées de lacs littoraux ou *liman* (*linnen*, seuil), qui, suivant les intermittences des vents et des tempêtes, restent en communication variable avec la mer par des ouvertures dans la digue de sable, ou *girla*. Le lac du Tiligoul au XVIIe siècle était indépendant de la mer; mais plus tard, la digue s'étant rompue, il y a mélangé ses eaux; puis, en 1825, l'ouverture a été comblée, pour s'ouvrir de nouveau à la suite d'une tempête. Sur cette même côte, les lacs de Koudouk, de Chagani, d'Alibey représentent tous d'anciens golfes aux eaux peu profondes, fermés par un cordon de sable de 50 kilomètres de long, dont les matériaux proviennent des bouches du Danube. Le liman du Dnieper représente pareillement un ancien golfe de 40 kilomètres d'ouverture, fermé d'abord par des cordons de sable et rempli ensuite par les matériaux meubles amenés des plateaux voisins. La digue fermant le golfe est percée de deux ouvertures au moyen desquelles l'eau de la lagune intérieure se mélange à celle de la mer, ou inversement, cette dernière pénètre dans la lagune chassée par les tempêtes qui lancent aussi les flots par dessus cet obstacle, dépassant à peine le niveau des eaux calmes.

Les cordons existent aussi dans le voisinage des grandes profondeurs, mais seulement quand les plateaux voisins du littoral sont disposés à leur servir de base. La côte orientale de l'Indoustan est bordée de cordons parallèles à la direction du courant qui frôle le rivage, à peine entrecoupés de brèches nécessaires à l'échange des eaux des lacs qu'ils renferment; recevant le produit d'une érosion considérable, ils s'accroissent rapidement. La Soubranarekha, descendant du massif du Tchoten-Nagpore et la Mahanaddi, confondant leurs eaux limoneuses dans le même delta, n'y laissent qu'une partie des alluvions qu'ils amènent à la mer; la plus importante est abandonnée sur les plages voisines entrecoupées de flèches de sable

(1) Von Baër. Kaspisch Studien.

endiguant une série de lacs littoraux égrénés sur toute la côte ;
le plus important est le lac Chilka, dont la surface couvre.
900 kilomètres carrés, mais n'ayant qu'une profondeur maxima
de 2 mètres. Il est en voie de comblement, aussi bien au moyen
des matériaux déposés directement par les cours d'eau drainant
les versants entourant le lac, que par ceux qui, poussés par des
vagues du dehors, y laissent les sables cheminant sous l'entraînement du courant littoral.

Cette disposition des renclôtures littorales s'étend sur toute
la côte occidentale d'Afrique. La houle perpétuelle de ces parages
exerçant sur les sables une action normale à la direction de la
côte, y construit des digues favorables aux renclôtures. Les

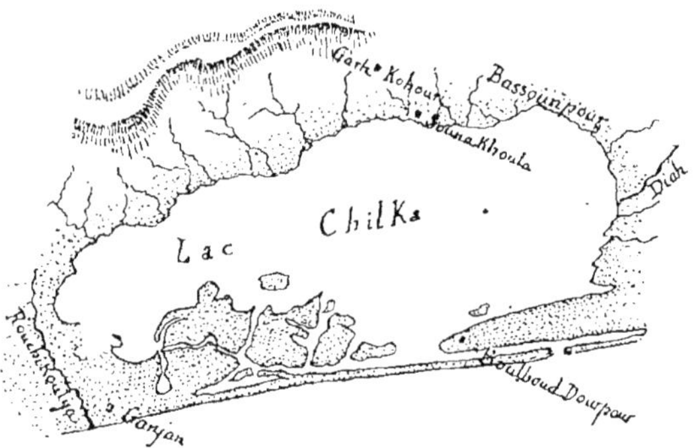

Fig. 27

Le lac Chilka (côte orientale de l'Indoustan).

rivières n'apportant qu'un volume d'eau insignifiant, elles s'épanchent en lacs longitudinaux, jusqu'à ce qu'une crue abondante
ou une poussée de la mer fasse brèche dans les sables et rétablisse
la communication avec l'Océan. Il existe aussi des lagunes semblables tout le long de la côte orientale de Madagascar, la bor-
dant comme des chéneaux parallèles au moyen desquels se font
les communications par l'eau calme. Entre les deux rivières
Ivandrana et Matitanana, sur une longueur totale de 485 kilomètres, où le rivage est en parfaite ligne droite, aligné par le
courant qui le longe, on rencontre 22 lagunes formées par plus
de 50 cours d'eau (1) ; assez étroites en certains endroits pour ne

(1) M. Alfred Grandidier. Bull. de la Soc. de Géogr. 1er trim. 1886.

Girard, 6.

Les anciens
ETANGS LITTORAUX
DU
MARQUENTERRE
Romhly, enseveli sous
les sables au XVe siècle
Étaples
Montreuil
- sur Mer
La Canche était
navigable au
XIIe siècle
jusqu'à Valloire
Berck
Verton
Waben
Authie
Rue
Port au VIIIe siècle
Forêt de
Crécy
la Maye
Baie de la
Somme
le Crotoy
Noyelles
Bas Champs
Cayeux
St Valery
sur-Somme
J. GIRARD DEL.
Echelle $\frac{1}{240000}$
0   1   2   3   5   10 KIL

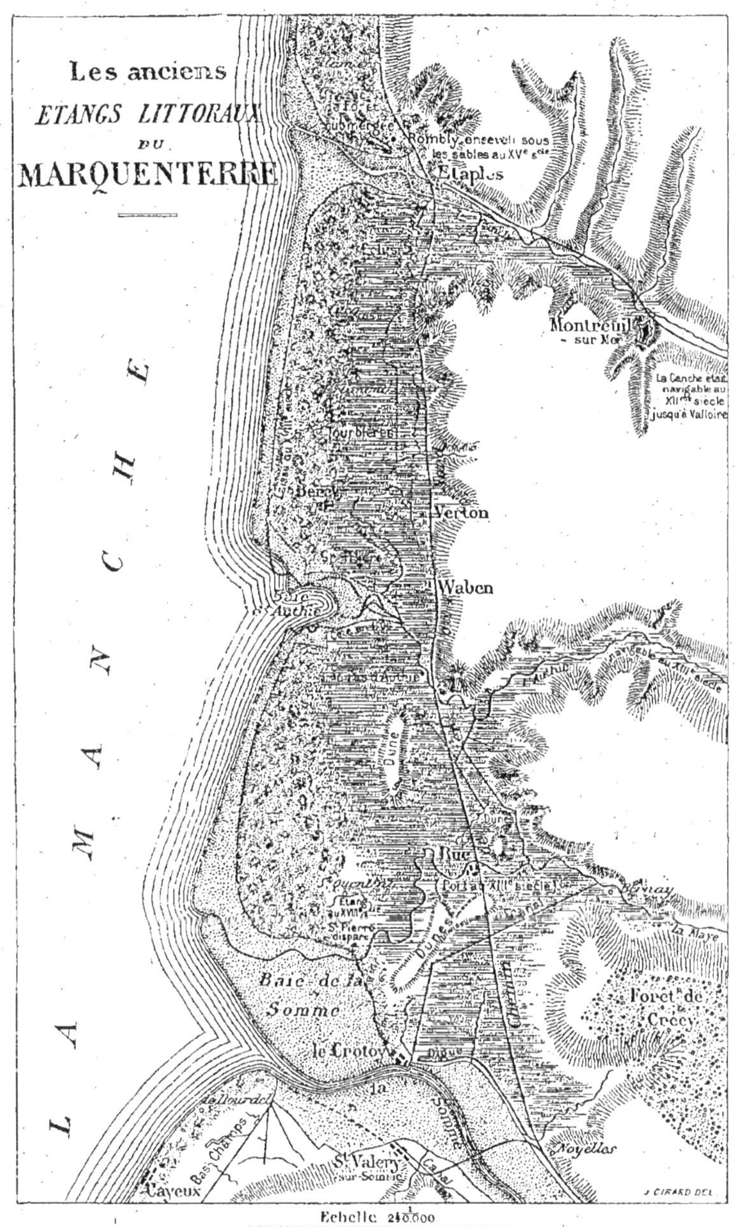

Fig. 28.

donner passage qu'à une seule pirogue, elles s'élargissent ailleurs jusqu'à 200 et 300 mètres et deviennent des lacs importants. La digue qui les sépare de la mer, ne consiste quelquefois qu'en une bande sablonneuse de quelques mètres, se confondant souvent avec une plage gazonnée couverte d'arbrisseaux et augmentant ainsi la largeur irrégulière de la digue.

Sur la côte du Brésil, le même appareil littoral se développe depuis la pointe Garapava, le long de l'État de Rio Grande do Sul, sur une longueur de plusieurs centaines de kilomètres. La terre ferme n'est séparée de la mer que par des isthmes étroits comme ceux de Praia de Pernambouco et Praia de Isterito. Les lagunes reçoivent les eaux de nombreuses rivières dont une faible quantité seulement s'échappe par ces ouvertures, la majeure partie étant évaporée par la chaleur solaire.

Les fleuves qui ont apporté des limons abondants fournissent les éléments du rivage de l'étang et contribuent par de nouveaux dépôts à exhausser le fond et à faire de la lagune vive une lagune morte. Elle reste encore en communication avec la mer par des ouvertures plus ou moins larges que les eaux pratiquent soit du dehors, soit de l'intérieur. Les eaux de la mer peuvent encore y pénétrer en franchissant la digue basse au moment des tempêtes ou par infiltration. La côte du golfe du Lion, depuis les bouches du Rhône jusqu'à Port-Vendres, est ainsi bordée d'un cordon de sables derrière lequel s'échelonnent des étangs littoraux irréguliers sur une longueur de 200 kilomètres. Ils restent en communication avec la mer suivant les circonstances d'équilibre de leurs eaux au moyen d'ouvertures fixes ou mobiles nommées: «graus» (*gradus*, passage). Tantôt ils s'élargissent par l'affouillement, tantôt ils s'oblitèrent par les tempêtes qui accumulent les sables. De leur ouverture et de leur fermeture dépend le régime des étangs ; s'ils se sèchent, le fond laisse à découvert une vase infecte ; si la mer y fait irruption par une nouvelle brèche dans le cordon de sable, les lits se remplissent et les villages situés sur les bords sont inondés.

Les relations entre le niveau de la mer et celui des étangs ont été établies par les ingénieurs. L'eau de l'intérieur se balance soit par son entrée, soit par sa sortie au moyen des graus, soit par le passage de la mer au-dessus des digues, soit par évaporation;

dans ce dernier cas la sortie est réglée par le courant qui s'établit
à la suite d'excédent de volume dans l'étang, soit par l'abaissement temporaire du niveau de la mer sous l'influence de la pression atmosphérique, comme cela se présente souvent sur les
côtes du Languedoc. En appliquant ces principes à l'étang de
Thau, un des plus considérables, on remarque que les eaux
marines qui s'y introduisant par dessus la plage, élèvent son
niveau à 1^m30^c et même à 1^m60^c (1). Les recherches faites à
Cette ont démontré qu'il y a chaque année sur la plage de La
Nouvelle sept ou huit dénivellations de 1^m30^c en moyenne. Elles
correspondent avec les coups de vent du Sud-Est. Les ondulations légères de la marée, qui, en raison de leur durée limitée à
six heures et leur hauteur de 0^m30^c, ne communiquent jamais
avec l'étang. En outre on admet un maximum de dénivellation
de 0^m50^c par les très grands vents du Sud-Est et 0^m20^c par les
vents frais du large (2).

Tous ces rivages du golfe du Lion ont été transformés par les
atterrissements du Rhône. Les alluvions n'ont pas encombré la
région située à l'est du fleuve, mais celle de l'ouest, parce qu'elles
y ont été poussées par le courant littoral qui porte de ce côté.
Il devait en être de même à la période protohistorique, puisque le
petit Rhône se déversait alors dans l'étang de Maugio, appelé au
moyen-âge : *Ostium Hispaniense*. Au bout d'une série de siècles,
la renclôture naturelle au moyen de cordons, a transformé le
domaine maritime en plaines alluviales; car il est probable
que la mer a baigné le pied des collines situées entre Beaucaire
et Cette.

Les enclôtures opérées par la nature ont été imitées par les
riverains des baies et des estuaires, pour conquérir de nouveaux
champs de culture engraissés par les sels dont la mer les a imprégnés. On a conquis par ces procédés plus de 500 hectares dans
l'île de Noirmoutiers depuis le commencement du siècle (3). On
a endigué, dans la baie de Bourgneuf, les relais de mer dus aux
alluvions réunies de la Loire et de la Gironde. Pareillement, dans

(1) Andréossy. Hist. du Canal du Midi.
(2) Recherches sur le régime des côtes, 1853.
(3) F. Piet. Recherches sur l'île de Noirmoutiers.

la baie de la Somme on a soustrait près de la laisse de haute mer des espaces considérables qui, ajoutés aux « mollières » ou pâturages salés, sont appréciés pour l'élevage.

Formation des dunes. — Sur la plage de sable humide se préparent les matériaux des dunes : les grains de sable séchés au vent et au soleil après le retrait de la marée, devenus légers et n'adhérant plus par capillarité à la surface nivelée par la mer, sont emportés par les vents du large à la limite de la laisse de haute mer ; parvenus à cette étape définitive, à l'abri de nouvelles atteintes des flots, ils subissent les éventualités du transport aérien : tourbillonnant comme la poussière sur les routes à l'approche du vent précurseur de l'orage, ils s'agglomèrent en bancs ou monticules d'autant plus importants que la masse des sables extraits du sol sous-marin est plus abondante. Après avoir fait partie intégrante des bancs d'alluvion sous-marine, ils s'échouent au-delà du domaine maritime pour se transformer en « bancs aériens ».

Le vent chasse impitoyablement les grains de sable les uns contre les autres ; ils s'entrechoquent avec un crépitement particulier quand ils sont composés de fragments de quartz pur et que l'atmosphère est sèche. Ces sons musicaux plus ou moins accentués existent sur tous les champs de dunes : sur la côte du Pérou, près de Casma, où les dunes sont disposées en croissants groupés symétriquement, marquant par leur pente la direction du vent dominant, on entend au moment où la chaleur du jour est la plus vive, des sons éoliens paraissant s'élever des collines de sable : les indigènes les attribuent naïvement à un bouillonnement de l'eau dans l'intérieur des dunes. Ces bruits ont été remarqués sur plusieurs points des côtes de l'île d'Oahu, dans l'Archipel Hawaien (1). Les voyageurs qui ont traversé la péninsule sinaïtique, ont entendu sur les pentes du Serbal, les sables qui « chantent » sous leurs pas et surtout quand on provoque la chute d'une pierre ; l'entrechoquement des grains très fins dans une atmosphère extrêmement pure, donne naissance à des sons harmonieux. Pareil phénomène a été signalé dans les dunes de

(1) Dana. United States Exploring Expedition.

l'Erg, où la composition des sables et celle de l'atmosphère est de même nature (1).

Le courant semi-fluide de sable s'arrête au moindre obstacle : une saillie du sol, une éminence quelconque provoquant un premier groupement, avec tendance à devenir le point de formation d'un monticule. Celui-ci est destiné à s'augmenter ou à se désagréger, suivant le degré d'agglutination de la surface plus ou moins durcie par les pluies et le soleil. Le même vent qui a édifié la dune peut aussi l'emporter, comme une meule de paille sans attaches. Il faut pour y résister que les grains de sable soient « happés » au passage par une rugosité d'où dépend leur adhérence.

La hauteur des dunes littorales varie suivant plusieurs circonstances météorologiques et hydrographiques assez complexes. Sur la côte des Landes, où la plage est large et soumise aux violences des vents du large, elles ont acquis des proportions et une extension qui se présentent rarement sur d'autres rivages. Suivant M. Ch. Descombes, on peut évaluer à 200 mètres cubes par mètre linéaire de plage le volume des sables amassés en cinquante ans; comme la longueur de cette côte est d'environ 230 kilomètres, le volume total atteindrait 46 millions de mètres cubes (2). D'autres calculateurs ont trouvé que les vagues et les courants y apportent annuellement 6 millions de mètres cubes sur les plages landaises; la hauteur des sommets les plus élevés varie entre 50 et 75 mètres; exceptionnellement la dune de Lascours atteint 69 mètres.

Mais la plus haute dune de France se trouve dans la série intermittente des dunes de Marquenterre, sur la Manche; elle est représentée par le Mont Saint-Frieux, qui a 158 mètres. Sur la côte occidentale d'Afrique, où les sables côtiers sont voisins des champs de dunes de l'intérieur du Sahara, on cite les dunes du cap Bojador comme ayant 180 mètres de hauteur. Au cap Rosas, en Algérie, entre Bône et La Calle, elles s'élèvent à 119 mètres. Celles de l'Oued Zouarah, en Tunisie, à l'est de Tabarka, représentent une chaîne d'une

(1) Largeau.
(2) Revue de Géologie. Delesse et A. de Lapparent. 1869-1870.

longueur de 10 kilomètres, où certains sommets dépassaient 200 mètres; ces collines de sable sont fixées par des touffes de lentisques, mais comportent dans certains endroits des vallées d'éboulement (1). On n'a pas constaté de dunes élevées sur le littoral si vaste du continent américain; là, comme ailleurs, l'étendue des champs de dunes ne concorde pas avec leur hauteur; on a cité comme élévation remarquable celles de Morro-Melancia, au cap San Roquo, qui ont 45 mètres.

Progression des dunes. — La dune est, suivant l'expression d'Elie de Beaumont, « un immense sablier naturel, mesurant le temps par la marche de ses talus. » Le vent faisant ébouler le sommet, se prépare un plan incliné le long duquel il fait remonter le sablier; les parcelles poussées jusqu'au sommet tombent sur le talus d'éboulement, qu'elles augmentent de plus en plus et dont la base rejoint la pente inclinée d'un autre monticule, où le même mouvement se produit. Avec un vent violent, des nuages de sable sont enlevés sur les pentes les moins résistantes et transportés en masse.

Si les tourbillons de sable étaient entraînés sur un sol planimétrique avec une force uniforme, l'amoncellement se ferait par superpositions régulières; mais les saillies nombreuses où des amas antérieurs sont autant de points d'arrêt servant de noyau aux futures collines; les tranchées ouvertes dans toute leur hauteur ont démontré que leur composition est partout semblable.

La raideur des pentes à remonter intervient dans les dépôts des sables; ceux-ci, soulevés par un vent violent, franchissent facilement des pentes de dunes inclinées à 45°; d'après le capitaine Courbis « le dépôt du sable est en fonction de la pente à remonter, mais non pas en raison directe de cette pente. » La question est compliquée de la décomposition des forces dues à la résistance opposée par le sol incliné à la masse d'air en mouvement, ce qui ne donne pas forcément lieu à une diminution de vitesse, ni d'effet mécanique. L'action

(1) A. Parran. Observations sur les dunes littorales en Algérie et Tunisie. (Bull. de la Société de Géol., 1890).

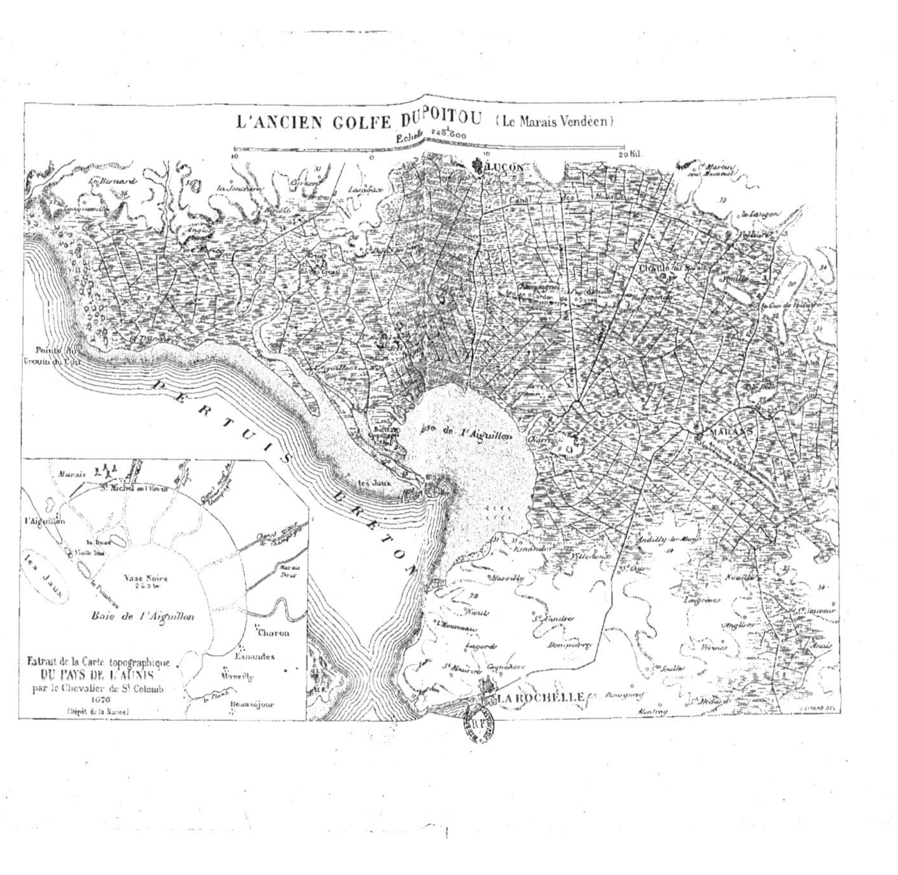

L'ANCIEN GOLFE DU POITOU (Le Marais Vendéen)
Echelle 1/225.000
10
0
10
20 Kil.
le Bernard
la Jonchère
Grison
Lanôse
LUÇON
le Marais sous Mauvoil
Angles
Canal
le Langon
Triaize
Chenille les Marais
Jouilg
la Tranche
le Case de Velluire
Pointe du Grouin du Cou
PERTUIS
Aiguillon s/mer
se de l'Aiguillon
Charin
MARANS
BRETON
les Jaux
Esnandes
Andilly-les-Marais
Marsilly
Nuaille
St André
Longèves
Dompierre
l'Houmeau
Lagord
Coquebon
Anglins
Nuaille
St Maurice
Nieul
la Rochelle
Bourgneuf
Montroy
Médius
J. GIRARD DEL

Marais
St Michel en l'Herm
l'Aiguillon
les Jaux
la Dive
Vieille Dive
Chenal Marais de Champagné
la Pointe du
Vase Noire 2,5,3 w
Mas ais Doué
Baie de l'Aiguillon
Charon
Esnandes
Marsilly
Beauséjour
Extrait de la Carte topographique
DU PAYS DE L'AUNIS
par le Chevalier de St Colomb
1670
(Dépôt de la Marine)

est d'autant plus simple qu'elle se combine avec l'effet singulière-
ment complexe des remous. Certaines dunes très élevées à
pentes raides sont escaladées par une poussière de sable remontant le talus et projetée par-dessus le sommet avec vitesse.
Cette poussière balayée au point culminant a motivé cette locu-
tion : les dunes fument (1).

L'adhérence superficielle du sable sur le sable se fait par
l'humidité ; elle est plus forte au bord de la mer que dans les
plaines sablonneuses comme le Sahara, où il pleut rarement.
Cependant il existe dans ces régions une nappe d'eau souterraine peu profonde, ainsi que l'attestent les puits, coulant lentement dans une couche perméable composée de matériaux
ténus et hygrométriques. Sous l'action du milieu où elle circule,
elle tend à prendre un état d'équilibre résultant de différentes
forces : la pression hydrostatique, la résistance du milieu d'écoulement, la capillarité et l'évaporation de la surface du sol. On a
remarqué que les dunes suivent le cours des eaux souterraines
et deviennent plus importantes parce que le volume de ces eaux
est plus considérable ; les dunes n'existent que quand il y a une
nappe aquifère sous-jacente (2).

Les dunes littorales ne se désagrègent que dans les temps
chauds et secs, si leur surface n'est pas calcinée par l'action
météorologique ou feutrée par les végétaux. Ces vagues de sable
que le vent pousse dans l'intérieur, ont comme les vagues de la
mer une progression envahissante. On cite d'après d'anciens
documents des villages ensevelis dans les Landes ; plusieurs ont
disparu au point qu'on ignore leur emplacement ; on retrouve
des actes où les habitants consignent leurs appréhensions. Les
villages de Saint-Jean-de-Vielle, d'Anchise, de Start, de Sᵗᵉ-
Eulalie ont été ainsi ensevelis. Mimizan, d'après une vieille tradition, a dû abandonner sous les sables son église datant du
XIIIᵉ siècle. Le village de Lillan, qui était un fief du roi d'Angleterre, a été recouvert au XVIIᵉ siècle. Les mêmes observations
s'appliquent aux sables de la côte d'Arvert, où des titres anciens
mentionnent l'ensevelissement de villages.

(1) M. Edouard Blanc. C. Rend. de la Soc. de Géogr. 1890.
(2) Le capitaine E. Courbis. Les Dunes et les Eaux souterraines du Sahara.
C. Rend. de la Soc. de Géogr. 1890, p. 114.

On estimait à la fin du XVIIIe siècle que les dunes des Landes s'avançaient dans la direction de l'est, poussées par les vents du large, de 20 à 25 mètres par an. Certains auteurs donnent une moyenne du double; si elles avaient continué cette progression, elles pourraient recouvrir Bordeaux dans l'espace de vingt siècles. Cette moyenne a été donnée par les repères des églises de Mimizan et de Lège reportées plus loin. Lège fut abandonné une première fois en 1480 et reporté à 4 kilomètres et une seconde fois en 1660 et encore reporté à 3 kilomètres (1).

Fixation des dunes. — Les amas de sable aériens sont destinés à être perpétuellement remués par les vents, comme les dépôts sous-marins sont véhiculés par les eaux. L'œuvre de la nature possède des forces antagonistes qui lui permettent de faire servir les mêmes éléments à des résultats opposés. Mais elle a aussi les moyens de conjurer les désastres qui sont la conséquence de ces mouvements de sable, en les recouvrant d'une végétation spontanée favorable à leur fixation.

Certaines graminées jouissent de la faculté de se propager dans le sable pur et d'y plonger profondément leurs racines. Tel est le Gurbet, le Carex, l'Arundo Arenaria, les Chardons, les Euphorbes, plantes aux tiges flexibles, et au rhizome fibreux répandant à la surface et dans le sous-sol un lacis végétal suffisant pour le consolider. En outre, si humbles que soient ces graminées, elles finissent par constituer par le développement de leurs radicelles une sorte de *feutrage* superficiel, ou enveloppe protectrice contre la désagrégation des vents. Dans la période suivante, à la végétation du simple gazon succède celle des végétaux supérieurs; les graines transportées par les vents, après s'être échappées des forêts voisines, trouvent à défaut d'humus réel, un terrain suffisamment préparé pour s'y développer avec intensité. Les pins, les sapins, les tamarix finissent par pousser sur les mamelons sablonneux et les transformer en forêts épaisses.

Ce mode naturel de recouvrement des dunes s'est produit aux époques les plus reculées. Si l'on interprète le texte des

(1) Rôles gascons, par Francisque Michel. Paris. 1885. D'après Georges Beaurain.

commentaires de César et celui des géographes anciens, les Pays-Bas étaient couverts de forêts venues spontanément, confondues avec des roselières impénétrables sous la dénomination de Forêt-Sans-Pitié. D'après les mêmes traditions, les côtes de la mer Baltique étaient garnies de forêts de pins séculaires enracinés dans les sables des rivages de Dantzig et de Pillau.

Les dunes de Gascogne étaient pareillement boisées à l'époque romaine (1); servant ainsi de rempart protecteur entre l'Océan et les terres cultivées, elles subsistèrent jusqu'au XIVe siècle, époque à laquelle, en se référant aux anciens titres, les forêts du Médoc étaient réservées pour les chasses seigneuriales. Mais avec la conquête du sol et l'accroissement de la population, succéda l'avidité des premiers occupants ; ils exploitèrent sans surveillance les bois, produits de valeur obtenus sans culture. Le déboisement inconscient eut pour résultat de livrer de nouveau le sol arénacé à la dénudation des vents, car il suffit d'arracher quelques arbres, de dénuder quelques places isolées, pour donner prise aux attaques de l'ennemi et provoquer des bouleversements étendus.

Plus tard, les habitants des Landes, comprenant les fâcheuses conséquences de leur imprévoyance et l'incurie de leurs prédécesseurs, entreprirent des semis de pins et d'autres plantes spéciales, destinées à protéger les sables. On a retrouvé une ordonnance de 1725, émanant de Claude Boucher, intendant de la généralité de Bordeaux, prescrivant aux habitants de la commune de Mimizan, la plantation du Gurbet et édictant des pénalités contre les délinquants (2). Au commencement du siècle dernier, quelques tentatives de reboisement avaient été entreprises par M. de Ruhat; mais il appartenait à Brémontier de donner un essor à cette œuvre sur un plan d'ensemble méthodiquement conçu. Il pourvut à la fixation de plus de 200 hectares dans les environs de La Teste et organisa définitivement la culture forestière des dunes en 1787. Par suite de circonstances administratives, les travaux furent abandonnés en 1793; malgré cela, la possibilité du reboisement

(1) Ernest Desjardins. Géogr. de la Gaule romaine.
(2) Georges Beaurain. Revue de Géogr., 1891.

était démontrée, et l'élan était donné. A une époque postérieure, l'exemple fécond a été suivi graduellement dans l'immense région landaise ; contrée stérile, transformée aujourd'hui en forêts de sapins, devenues une source de prospérité pour la région. 80.000 hectares sont plantés et le sol préservé de l'envahissement (1).

Toutes les les dunes ne sont pas encore recouvertes de sapins ; les débuts de la fixation des sables sont ingrats dans certaines parties exposées aux vents et aux ravages

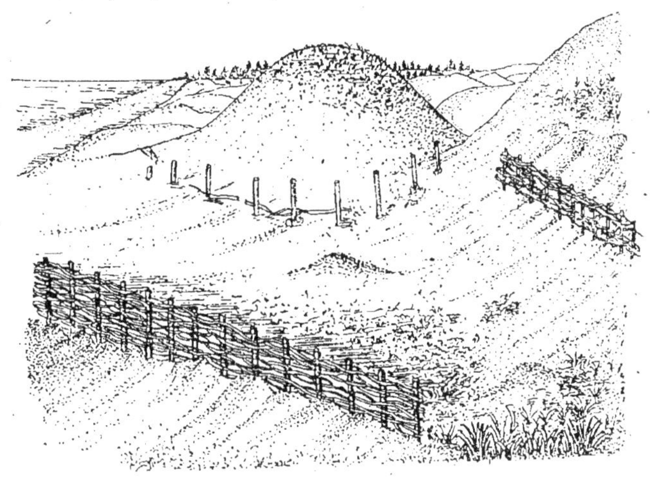

Fig. 30

Clayonnages pour la protection des dunes de Gascogne.

des flots, où les essais de culture des graminées et des plantes les plus appropriées sont impitoyablement détruits. Pour empêcher que les sables s'envolent, les ingénieurs remédient provisoirement aux dégâts en établissant normalement à la direction du vent des systèmes de clayonnages, tantôt sur les pentes dénudées, tantôt sur les sommets, surélevant ainsi artificiellement la hauteur des dunes ; ailleurs les sables s'arrêtent au pied des obstacles, mais aussi ils

(1) Chambrelent. C. Rend. Acad. Sciences, 1892.

filtrent à travers ou il se produit des affouillements détruisant les clayonnages. Comme les sables ont plus de difficulté à couler le long des talus dont l'inclinaison varie de 15 à 25 degrés, on règle le système de défense d'après cette disposition et l'on multiplie à l'infini les clayonnages sur certains points menacés ; mais la lutte engagée entre le vent de mer et les palissades n'est pas toujours en faveur des travaux des hommes.

La répartition des produits de l'érosion. — La marée pénétrant dans les anfractuosités des côtes, dans les golfes, dans les estuaires, donne naissance à certains mouvements hydrauliques, causes permanentes du transport des matériaux érosifs rejetés par les fleuves ou produits par le travail direct des vagues. Les changements incessants des côtes sont liés à la théorie fort complexe de la forme des ondes ; comme celle-ci est déterminée par la profondeur, plus elle est grande, plus le volume d'eau mis en mouvement à chaque marée tend à s'accroître.

Les courants d'entrée et de sortie des embouchures et des golfes entraînent au large un volume considérable de matériaux de densité variable, provenant de toutes les parties du continent par la voie fluviale ; ceux-ci déposés dans l'estuaire qui est le bassin préparatoire à la répartition littorale, sont véhiculés le long des côtes suivant leur nature : les sables lourds ou les particules arénacées se déposant au bas des plages, où les vagues les abandonnent au souffle des vents qui les étalent en champ de dunes ; les vases de densité moyenne flottent jusqu'à ce qu'elles soient amenées dans une eau calme favorable à la décantation : elles s'y déposent, comblant les marais et les bas-fonds ; enfin, les particules ténues, dernière expression de la lévigiation, longtemps restées en suspension en vertu de leur poids, sont entraînées au large à grande distance de la côte, où elles se déposent insensiblement, établissant ainsi une couche géologique destinée à émerger dans un avenir incalculable.

En choisissant un exemple sur les côtes françaises de l'Océan, il est facile de se rendre compte du mode de répartition des matériaux amenés dans les deux grandes embouchures : la Gironde et l'estuaire de la Loire, en suivant leur mode de cheminement selon les catégories auxquelles ils appartiennent.

D'après M. Manen, le mouvement des marées entraîne dans la Gironde plus de deux milliards de mètres cubes d'eau, ayant subi tous les mélanges dans l'intérieur. Il suffit que cette eau contienne la quantité infinitésimale de 7 grammes de vase par mètre cube pour que les 14.000 mètres cubes apportés journellement par les deux fleuves de la Dordogne et de la Garonne soient expulsés et transportés hors du bassin de la Gironde et établir l'équilibre entre l'apport des vases provenant des rivières et leur sortie (1). L'estuaire de la Loire étant la prolongation directe d'un seul fleuve, est différent. La quantité de sable de toute provenance roulé par la Loire est d'un million de mètres cubes, dont environ 400.000 mètres passent à Nantes (2); elle entraîne en outre une quantité de matériaux qui ne se déposent qu'au-delà de ce point sous forme de bancs et de platins comme aux environs de Paimbeuf.

Le courant de l'Atlantique qui longe la côte des Landes du Sud au Nord rencontre à la sortie de la Gironde des eaux limoneuses et les entraîne, d'une façon sensible, si l'on en juge d'après leur teinte jaune tranchant sur les eaux vertes de l'Océan, jusqu'à une dizaine de milles au large, où elles disparaissent de la surface, mais les sondages ont démontré que leur transport se poursuit jusqu'à ce que les vases boueuses tenues en suspension soient déposées sur les fonds de 100 et 200 mètres. Au point où le courant jaunâtre parait s'enfoncer, il est atteint par un mouvement tourbillonnaire qui le précipite et le répartit au fond du golfe. Une autre partie plus superficielle est entraînée par le mouvement de la marée dans les Pertuis, où le mouvement des eaux est évalué à six millions de mètres cubes. (Voy. Fig. 20).

Cette seconde fraction dans la répartition des matériaux, tient en suspension les vases plus lourdes destinées à se déposer sur les bas fonds. Les eaux limoneuses pénètrent dans les Pertuis, où, d'après le calme qu'elles y trouvent, elles s'y comportent comme dans un immense bassin de décantation. Ces vases restent sur les fonds et sur les rives au moment du retrait de la marée; leur nature, toujours identique, facilite leur

(1) Hautreux. Sables et vases de la Gironde, in-8°. 1886.
(2) M. Comoy.

agglomération. Après son abandon sur la grève, cette « Terre de Brie » acquiert une consistance pâteuse et, séchant au soleil, s'ajoute aux couches précédentes. L'avancement annuel de la ligne des côtes de la Charente est en moyenne de 50 centimètres par an ; le P. Arcère l'estimait, il y a 130 ans, à deux pieds par an, ce qui concorde avec les observations contemporaines.

En suivant les contours des côtes de la Charente, on peut se rendre compte du comblement des *marais-gâts* par ce jeu des courants chargés de limon. Au Nord l'ancien golfe du Poitou est remplacé par le *marais vendéen*, car la mer montait alors jusqu'à Niort. Il ne reste du golfe que la baie de l'Aiguillon dont le remplissage méthodique peut être apprécié et terminé dans un siècle ou deux. Le marais est parsemé d'éminences, représentant les anciens îlots : Marans, Vouillé, Chaillé, etc.

Les sables quartzeux avec grains à facettes multiples étant trop lourds pour être maintenus en suspension dans l'eau, sont chassés de proche en proche sur les bas-fonds et finissent par s'échouer à la partie inférieure des plages, où les vents les expulsent au moment de la marée basse, hors de l'atteinte des vagues ; là ils s'agglomèrent en chaînes de dunes. Celles-ci se poursuivent sur la côte des Landes sur une longueur de 250 kilomètres en ligne droite et ce désert de sable recouvert de forêts ou dénudé a une largeur de 5 à 8 kilomètres. On retrouve les mêmes dunes sur la rive septentrionale de la Gironde, la côte d'Arvert sur une longueur de 8 à 10 kilomètres, où l'on a entrepris de grands travaux pour leur fixation ; elles se poursuivent aussi sur les côtes de l'île d'Oléron, où les principales sont celles de Gatsau et les champs de dunes des Saumonards, puis celles de l'île de Ré et de Noirmoutiers.

Les courants de l'embouchure de la Loire agissent comme ceux de la Gironde ; il existe deux courants généraux : l'un qui se dirige vers Saint-Gildas, l'autre vers l'île de Batz, en même temps que la marée reste à peu près de niveau sur la barre des Charpentiers pendant deux heures, suivant l'amplitude de la marée.

Les vases légères sont emportées dans les grands fonds au large et se confondent avec celles de la Gironde.

Les vases plus lourdes s'épanchent dans la baie de Bourgneuf, entre l'île de Noirmoutiers et le continent, ici bordé de marais.

Au moment du flot, la marée atteint la pointe Saint-Gildas avant que l'onde entière ait rempli la baie de Bourgneuf; une partie s'écoule par le détroit de Fromentine, mais sans empêcher l'inertie des eaux sur les bords où se déposent les vases. Elles ont contribué à la formation des immenses grèves du Fain, des marais de l'île de Bouin, les platins des abords de l'île Noirmoutiers. Plusieurs cartes anciennes (1) indiquent superficiellement, mais avec un certain sentiment, les positions respectives de localités existant encore aujourd'hui et qui sont toutes plus éloignées de la limite extrême atteinte par la mer.

Les sables plus lourds calibrés pour la formation des dunes, ne se rencontrent pas dans la baie de Bourgneuf, transformée en immense bassin de décantation; elles n'apparaissent qu'aux endroits battus par les vents du large; ainsi à l'île de Noirmoutiers les côtes de l'ouest exposées aux violences de l'Océan sont couronnées d'une chaîne de dunes au bas desquelles s'étendent de vastes plages de sable. Mais à l'est, baignées par les eaux plus calmes de la baie, l'appareil littoral ne comporte que des plages basses, à peine baignées par la marée; et où l'on pratique des renclôtures.

Ainsi le mouvement des eaux, la densité des matériaux, la direction des vents et des courants concourent au transport des matériaux érosifs. De nombreux facteurs interviennent dans la transformation de ces forces physiques, mais en analysant les principaux, on reconnaît quelques-unes des lois suivant lesquelles se fait cette répartition méthodique.

(1) Celles de Pierre Roger, 1759; d'un anonyme de 1696; d'une autre de 1620, conservées au dépôt de la marine.

Fig. 31. — Le Rocher percé de la Blanche. Embouchure de la Loire.

Girard, 7.

IV

LA GENÈSE DES PLAGES

Le brisement des vagues. — La violence d'une vague poussée par le vent sur le rivage est d'autant plus accentuée, qu'elle rencontre dans sa course des obstacles qui surgissent brusquement. Si elle se heurte à la paroi verticale d'un rocher, elle éprouve un fort mouvement de recul, dans lequel il se produit une interférence avec celles qui la suivent ; si elle arrive sur une pente faiblement inclinée, elle s'étale graduellement et expire mollement à la fin de sa course sur la grève sablonneuse. Ces principes sont appliqués dans la construction des travaux hydrauliques des ports : on copie la nature en construisant aux endroits où la houle se propage trop violemment des « bassins d'épanouissement », où elle termine sa course sur une pente inclinée ; ou bien en protégeant le pied des murs exposés à ses atteintes par des enrochements de lourds blocs de béton, ou des quartiers de rochers destinés à couper les vagues.

Les vagues se précipitent avec d'autant plus de forces sur une plage, que son inclinaison est plus grande. Ces rouleaux qui semblent s'avancer dans une direction toujours perpendiculaire au rivage, rencontrent en l'abordant des pentes de plus en plus prononcées retardant leur mouvement de progression ; aussi, la partie antérieure de chaque vague se ralentit sur le fond incliné, pendant que la partie supérieure, animée d'une vitesse plus grande, n'étant pas retardée, passe par-dessus la crête et se déverse en se brisant.

Le phénomène de brisement est variable suivant : l'étendue de la mer devant la côte ; l'amplitude de propagation de la

marée, les courants littoraux et la force du vent. A grande
distance du rivage, se creusent à intervalles égaux de grandes
ondulations qui s'élèvent au fur et à mesure qu'elles s'approchent
des pentes sous-marines, s'avançant majestueusement avec un
bruit sourd et imposant. Trois ou quatre lames se suivent
de près ; la première brise à terre, revient sur elle-même
et arrête la seconde dans sa course : celle-ci repousse la
troisième qui, se repliant sur elle-même, se précipite en volute
assez grande quelquefois pour écraser une embarcation. C'est
le *ressac* qui existe sur un grand nombre de côtes, mais particu-

Fig. 32.
Volute de vagues brisant sur la plage.

lièrement sur celles de l'Atlantique, où il acquiert une continuité
et une intensité spéciale sur la côte occidentale d'Afrique, dans
le golfe de Guinée. Ces plages de sable infinies sont recouvertes
de brisants parallèles qui viennent successivement à s'écrouler
avec fracas ; ils ont un aspect formidable comparable au mascaret
de l'embouchure de certains fleuves. Ces brisants comprennent
jusqu'à quatre et cinq volutes énormes se suivant de près et toujours menaçantes, même par le plus beau temps. Aussi on
est obligé de débarquer des navires mouillés au large, au
moyen de *chelingues*, sortes d'embarcations particulières à la
côte, manœuvrées par des indigènes, doués d'une intuition

particulière, pour lui faire franchir les brisants au moment opportun et éviter de chavirer.

On a expliqué ce phénomène particulier au golfe de Guinée comme le brisement général, mais avec cette variation que la grande mobilité de sable littoral se creuse et forme des terrasses sous-marines au bas de la plage, où les ondulations du large viennent se heurter, au lieu de s'épanouir lentement en remontant un plan incliné uniforme. De plus, les puissantes ondes d'un bassin aussi considérable que celui de l'Atlantique, possèdent une amplitude en rapport avec l'étendue et la profondeur du bassin maritime.

Humbles ou majestueuses, les vagues semblent arriver sur les plages fortement ou faiblement inclinées dans une direction normale ; circonstance attribuée quelquefois à la direction du vent venant souvent du large. Cet effet, qui se confond avec le principe même du brisement, tient à ce que la vague rencontre dans sa propagation des fonds s'élevant graduellement plus d'un côté que de l'autre au moment où son mouvement se ralentit.

Le mode de formation. — Le bord de la mer et la plage sont empreints du choc des vagues, des courants, des crues de rivières et des coups de vent ; les phénomènes de chaque jour produisent des modifications dans les couches superficielles, en procédant par une sorte de lévigiation ; une grève peut résister à la mer pendant des années et être inopinément bouleversée par une tempête. On voit des coquillages couvrir le fond de la mer jusqu'à un kilomètre du rivage, être dispersés dans un coup de vent ; ces grands bouleversements produisent des effets plus amples que la continuité des courants et des marées.

Aussi les règles de la formation mécanique des plages sont complexes ; il faut désassocier les éléments pour parvenir à les analyser. Ces éléments sont : l'inclinaison de la grève, l'intensité des marées, la décharge des rivières, la composition des matériaux érosifs. Pour examiner ce problème M. P. Cornaglia le réduit à sa plus simple formule (1) ; il recherche les lois qui régularisent la propagation et les effets des vagues superficielles

---

(1) Sul regime delle spiaggie et sulla regolatione dei porti, 1892.

telles qu'elles existent dans une mer sans marée et l'action directe des vagues de fond.

De cette analyse M. P. Cornaglia déduit certains effets mécaniques : 1º Le mouvement ondulatoire des liquides engendre près du sol sous-marin une oscillation dite : « vague de fond », qui se dirige tantôt sur la plage, tantôt vers le large ; 2º La vague de fond bute contre la grève dans sa partie supérieure et contre le pied du talus dans sa partie inférieure ; 3º La force avec laquelle elle aborde la grève est proportionnelle à celle qui se produirait à la surface, en tenant compte de la vitesse de translation et de la profondeur au bas de la plage ; 4º L'énergie des vagues est d'autant plus accentuée que la mer est profonde et que l'inclinaison de la grève est rapide ; 5º Les corps placés au fond de la mer sont remués par les vagues de fond dans des directions incertaines ; 6º En s'élevant sur le plateau sous-marin, la force des vagues dirigées contre la plage est supérieure à celle qu'elles possèdent dans leur mouvement de retour ; 7º La composante d'un corps mobile poussé sur la pente, peut contrebalancer les effets des vagues de fond directes ou des vagues de retour ; 8º La direction suivant laquelle s'exerce l'action de ces deux forces opposées, combinée avec la composante du poids du corps en mouvement, contrebalance celle de l'autre suivant une direction neutre ; 9º Toutes conditions restant égales, la direction neutre se trouve située à une profondeur d'autant plus grande que les vagues sont fortes et que la pente de la grève est faible ; 10º Dans la Méditerranée, cette ligne est située en moyenne à 8 ou 10 mètres ; 11º Les matériaux placés au fond de l'eau subissent une propulsion vers le rivage, en même temps qu'ils sont entraînés dans une direction latérale.

La distribution des matériaux érosifs. — Les matières fragmentées par le travail de l'érosion restent d'abord déposées près de leur lieu d'origine, pour être soumises insensiblement à la distribution ; chacune d'elles va occuper une place plus ou moins définitive suivant ses propriétés et sa densité.

La répartition se divise en trois zones, comprenant : la partie des plages située entre la marée haute et la marée basse ; celle qui s'étend depuis les basses mers jusqu'à la profondeur moyenne de 30 à 50 mètres, et enfin les grandes profondeurs.

La première zone est une sorte de laboratoire où se prépare, au moyen de la trituration mécanique, le dégrossissement des matériaux. Le mouvement des vagues opère le malaxage par l'entrechoquement des pierres les plus grosses contre les plus petites; les courants leur procurent une circulation en proportion de leur volume, jusqu'à ce qu'une circonstance dépendant de la nature même de la plage, les oblige à se fixer définitivement. Pendant que la vague repousse un corps lourd, tel qu'un galet, vers le point culminant de la pente, elle agit concurremment avec le courant qui concourt au roulement du corps en mouvement. Il en résulte d'abord une translation directe normale au cordon littoral et ensuite une déviation qui le fait avancer d'une quantité égale à l'ouverture de l'angle compris entre les deux génératrices du mouvement de translation. Pendant le moment de l'étale, les galets, ainsi remués par chaque vague, accomplissent un trajet déterminé dans le même sens. Ce charriage continue à chaque marée et se poursuit sur des

Fig. 33.
Spécimens d'organismes de la zone intermédiaire — Foraminifères, coquillages, spicules de corail, etc. (20/1).

distances considérables. Le caractère du dépôt résultant du mouvement de la marée, entre ses deux points extrêmes, offre des traits particuliers. Au niveau supérieur, les galets sont entrechoqués avec violence, qui leur fait perdre leurs saillies anguleuses et leur donne une forme sphéroïdale. Plus bas, ils sont encore roulés par les lames, mais pendant un espace de temps plus prolongé; à la dernière limite, ils sont simplement soulevés, jusqu'à ce qu'ils soient placés hors des mouvements de la mer. Il résulte de ces étapes de trituration que le dégrossissage des corps placés dans la zone supérieure de la plage est d'autant moins fort qu'il est voisin de la basse mer et, comme conséquence, ils ont un volume plus réduit.

La seconde zone, plus calme, comprend les matériaux moins lourds que dans la première, mais elle est influencée par les remous dus aux courants parallèles à la côte. Il s'y opère un transport latéral des sables, des menus cailloux, des matières meubles destinés à former les bancs et les dépôts côtiers. Si l'on compare la première zone à un atelier où se ferait le travail préparatoire, la seconde serait un lieu de répartition des éléments élaborés jusqu'à la place qu'ils doivent occuper définitivement.

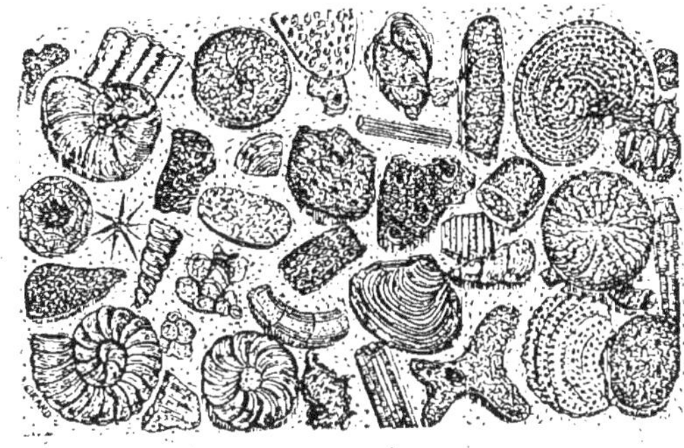

Fig. 34.

Organismes de la première zone : coccolites, foraminifères, coquillages (50/1).

La troisième zone correspond aux profondeurs exemptes de l'agitation qui ne règne qu'à la surface soumise au contact des vents. Elle reçoit les corps légers restés longtemps en suspension ; telles sont les vases bleues et vertes dont la coloration dépend de la composition chimique de l'eau de mer et des phénomènes qui s'y rattachent. Dans les régions éloignées des côtes, la coloration verte est due principalement à une matière terreuse amorphe et à des particules vert foncé de

Fig. 35.

Organismes des grandes profondeurs : Globigérinées, sondages (100/1) exécutés pour la pose des câbles transatlantiques, 3.500 mètres de profondeur.

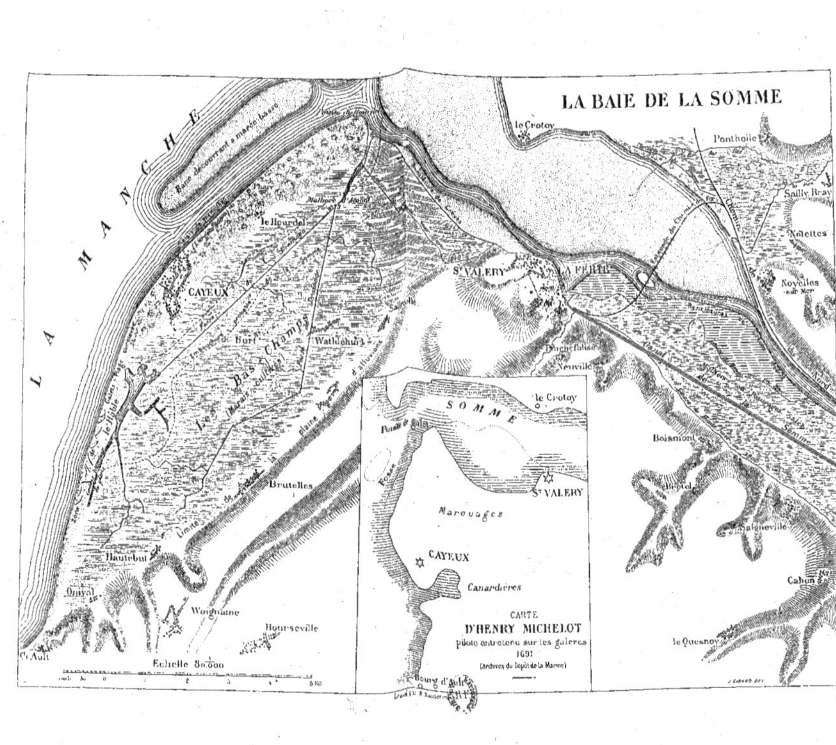

LA BAIE DE LA SOMME
LA MANCHE
le Crotoy
Ponthoile
Sailly Bray
Noiettes
St VALERY
LA FERTE
Noyelles sur Mer
le Hourdel
Mollieres d'Amont
CAYEUX
Brutelles
Hautebut
Onival
Woignaine
Bourseville
C.t Ault
Echelle 80.000
CARTE
D'HENRY MICHELOT
pilote entretenu sur les galeres
1691
(Archives du Dépôt de la Marine)
SOMME
le Crotoy
Pointe de Sola
St VALERY
Marouages
CAYEUX
Canardieres
Bourg d'Ault
Boismont
Cahon
le Quesnoy

glauconite. Dans les fonds dépassant 2,000 mètres la couleur change encore, se rapprochant du ton de l'ardoise ; quelquefois elle est mélangée de rouge et de brun. Plus on s'éloigne de terre, moins les particules minérales sont abondantes. A la profondeur de 3,000 mètres, on rencontre des nodules de manganèse, des foraminifères, des polyzoaires et toute la faune spéciale aux abîmes océaniques.

Le remplissage de l'Océan se fait ainsi de proche en proche par l'apport de matériaux dissous par un système régulier d'élaboration. Celle-ci commence à la limite extrême atteinte par les eaux agitées, que les vents ont animés d'une puissance de trituration : elle se continue près des côtes, où les courants ont le rôle de la distribution, pour se terminer dans le calme des grandes profondeurs.

D'après J. Murray, les sédiments provenant de l'érosion littorale recouvrent environ un cinquième de fond des mers ; la couche sédimentaire, épaisse dans le voisinage des continents, est presque nulle à grande distance : elle a été évaluée par Dana à 45,000 mètres cubes par an, au moyen de données permettant de démontrer que les profondeurs moyennes pourraient être comblées en un temps géologiquement appréciable.

Cheminement des galets. — La vague qui repousse les matériaux sur la plage est animée d'une force de translation directe et normale au cordon littoral, pendant que le courant produit une déviation latérale. Les galets accomplissent donc un trajet très appréciable dans le sens de la direction du rivage ; il est facile de s'en rendre compte en marquant certains d'entre eux et repérant la position du départ : au moment de la marée, ils seront dispersés, éloignés plus ou moins les uns des autres ; mais ils auront tous cheminé dans le même sens avec des vitesses différentes.

Ce cheminement latéral se poursuit parallèlement au rivage en ligne droite et avec une certaine régularité qu'on peut déterminer ; cependant les promontoires, les caps de rochers s'avançant jusqu'à la limite des basses mers deviennent des obstacles devant lesquels le mouvement s'arrête. Alors l'appareil littoral est

distinct ; il se transforme pour chaque bassin particulier ; le
transport des matières lourdes étant arrêté.

Aussi les hommes ont copié la nature pour arrêter les masses
de galets qui menacent d'envahir certaines passes utiles au
passage des navires. On élève des épis en charpente remplaçant
les pointes avancées disposées par la nature : ceux-ci constituent
une barrière derrière laquelle s'amassent des bancs entiers de
galets. Aux abords de nos ports de la Manche, ils s'entassent
avec une telle rapidité dans une seule tempête, qu'ils passent
par dessus des barrages de trois mètres de haut. Il faut alors
opérer des déblais pour que les épis ne soient pas compromis.
A marée basse, on voit d'un côté l'amas progressif des galets,
couronné par les plus pesants, comme sur toute extrémité
de la laisse de haute mer, et de l'autre les sables mélangés aux
cailloux les plus petits. Le travail de transport s'est opéré contre
un épi comme sur une plage.

Les plages de la Manche abondent en galets provenant des
silex renfermés dans les blocs de craie arrachés aux falaises. Ils
s'alignent particulièrement depuis l'estuaire de la Seine jusqu'à
celui de la Somme ; partiellement interceptés dans leur transport qui se dirige du sud-ouest au nord-est, par les saillies de la
côte, ils parviennent cependant à les franchir obliquement, dans
les moments de grande agitation, et à franchir les courants
des estuaires débouchant sur la côte ; à la fin ils s'arrêtent
à l'estuaire de la Somme, où les remous sont assez forts pour
les empêcher de passer outre. Jamais ils ne dépassent le cap.
du Hourdel.

L'accumulation des galets due à la rencontre du courant
littoral et de celui qui s'échappe de la baie de la Somme a
formé une plaine d'alluvions, la plaine des Bas-Champs, triangle
dont le plus grand côté en façade sur la mer a 15 kilomètres. La
culture s'est graduellement emparée de ces terrains, mais dans
certains endroits récemment abandonnés par la mer, on retrouve
encore des séries de cordons de galets relégués à des distances
de 50 à 100 mètres de la laisse de haute mer. L'amoncellement est
tel que devant Cayeux les maisons bâties il y a à peine 30 ans
au bord même de la plage, sont reléguées à une distance de
200 mètres ; aussi les conquêtes du domaine maritime ont été

mises aux enchères et de nouvelles constructions ont été élevées sur le « relais de mer ».

Cet amoncellement de galets arrêtés par la baie de la Somme est un des exemples les plus frappants de nos côtes. La largeur du banc comprise entre le sable de la plage et le point où commence la maigre végétation des dunes est en moyenne de 200 mètres ; son épaisseur moyenne est de 6 mètres ; le cube est donc de 1.200 mètres par mètre linéaire, soit 1.200.000 mètres cubes par kilomètre et 18.000.000 pour la section comprise entre Ault et la pointe du Hourdel. A cet endroit le banc s'étale en ondulations entre-coupées de vallonnements, de creux et de zones de cordons marquant les tempêtes et les époques de calme ; la pointe extrême est protégée par des fascines contre les coups de mer.

Au delà de la baie de la Somme, la côte est franche de galet ; si les courants qui s'en échappent ne les ont pas laissés passer à cause de leur poids, ils ont reporté les sables sur les plages du Marquenterre, région à laquelle ils ont donné un aspect semblable à celui des Landes avec les dunes élevées et boisées, pour la plupart, avec des pins maritimes.

Les plages d'alluvion.— Les plages voisines des embouchures des fleuves reçoivent les matériaux qu'ils déversent à la mer. Leur cours, après avoir divagué dans les méandres, ou après avoir été remué par les marées, fusionne avec les eaux de la mer, abandonnant les vases tenues jusqu'alors en suspension.

J. Murray, qui a analysé tous les travaux concernant les alluvions fluviales des dix-neuf principaux fleuves du globe (1), évalue leur débit annuel à 3,610 kilomètres cubes ; dans cette masse liquide la quantité des matières tenues en suspension est évaluée à un kilomètre cube et 385 millièmes ; ce qui fait une proportion de 38 parties solides pour 100,000 liquides. Le débit annuel de tous les fleuves du globe, évalué à 23,000 kilomètres cubes, étant appliqué à la proportion indiquée, on obtient, pour les matières solides apportées annuellement à la mer, un cube de 10 kilomètres et 48 centièmes.

Ainsi ont été formées les plaines de la Camargue (2) par

(1) Scottish Geogr. Magazine, N° 5. 1878.
(2) Etymologie : *Caii Marii fossæ.*

les alluvions du Rhône, qui se sont agglutinées en marais, en roselières, en prairies ; elles ont eu pour point de départ les bancs ou « theys » îlots plats et vaseux, sorte de noyaux autour desquels les terres à demi-desséchées ont succédé aux vases de consistance pâteuse. La Camargue s'étend sur une surface de 73,000 hectares, entrecoupée d'étangs grands et petits, généralement peu profonds ; celui de Valcarès, placé entre les deux bras du fleuve, a 12,000 hectares. Ces nappes d'eau stagnantes desséchées par les renclôtures naturelles des cordons littoraux, par les évolutions des plages de sable, et par les apports constants des courants litttoraux de l'est, restent longtemps empreintes du sel qu'elles contenaient au moment de leur isolement de la mer. Les travaux de dessiccation ont été entrepris depuis l'époque romaine sous des lois spéciales ; Constantin avait eu le projet de placer le centre de son empire en Provence, avec Arles pour capitale, où les vestiges existants sont un témoignage de vitalité à cette époque. Ces travaux ont été poursuivis, ils le sont encore aujourd'hui, mais sans succès définitifs ; les sels dont le sol reste imprégné le rendent impropre à la culture.

Les *Maremmes* de Toscane, qui s'étendent sur une longueur de 200 kilomètres le long des côtes de la mer Thyrennienne, consistent en plaines basses et marécageuses séparées de la mer par des groupes de monticules sablonneux. Elles remplacent un golfe peu profond où sont venus s'échouer les débris du versant occidental des Apennins, apportés par l'Arno, la Cecina, l'Ambrone et autres torrents. Des amoncellements de sable interceptant l'écoulement d'une partie des eaux de l'intérieur, ont rendu ces plaines insalubres · depuis 1828, des travaux de dessèchement ont restitué une partie des terres à la culture. Plusieurs villes étrusques y florissaient, circonstance indiquant une époque où la salubrité les avait rendues habitables ; mais au moyenâge les villes et les châteaux dont le sol était couvert, ont été abandonnés de nouveau par leurs habitants.

Les *Marais Pontins* ont été formés dans les mêmes conditions hydrographiques ; ils s'étendent sur une longueur de 30 kilomètres et couvrent une surface de 18.840 hectares. Les eaux stagnantes représentant l'écoulement des torrents du versant occidental des Apennins s'y élèvent quelquefois à 2 mètres dans

les parties basses; on ne parvient à les faire évacuer par les
canaux à pentes invisibles, qu'en les débarrassant des plantes
aquatiques qui les encombrent. Le Naviglio-Grande, creusé dans
toute la longueur en 1777 jusqu'à Terracine, opère insuffisamment
le drainage de ces marais. Les quelques parties que l'on a pu
livrer à la culture sont d'une remarquable fertilité; mais les
difficultés de résister à l'insalubrité de cette contrée étrange
vouée à la *malaria*, en font une sorte de désert abandonné aux
troupeaux de buffles sauvages.

La mer d'Azow, encore plus que la Méditerranée, fait
office de bassin de décantation, propice à l'extension des
plaines alluviales, accompagnées des marécages dont ses rives
sont bordées, en attendant que son bassin soit rempli tout
entier. Parmi ceux-ci, le liman d'Akhtari possède à lui seul
les caractères réunis d'un delta, d'une plaine d'alluvion, d'un
marais littoral et d'un désert de sables, le tout couvrant une
surface de 6.750 kilomètres carrés et provenant des évolutions
successives de plages changées en plaines littorales. Elles proviennent des alluvions du Kouban, dont le bras principal au
régime torrentiel, vient, après de nombreuses sinuosités, se jeter
dans la mer d'Azow; dans sa partie basse, animée d'une faible
vitesse, il se fraye une voie toujours irrégulière et variable suivant les saisons. Aussi la plaine conserve partout des empreintes
des fragments de son lit tantôt desséché, tantôt changé en lacs
peu profonds, où il s'épanchera de nouveau, suivant les circonstances plus ou moins favorables à ses égarements sur les sables,
qui ne sont en réalité que des plages ajoutées à d'autres plages
selon les bizarreries des éléments.

Sur les rivages du Nouveau-Monde une zone de près de mille
kilomètres représentant la majeure partie de la Floride, a été
isolée par des cordons littoraux successifs; entre les plages
sablonneuses, couvertes de débris de coraux, et le centre de la
péninsule occupée par des marais d'alluvion, sont graduées les
différentes phases de la transformation du rivage en terre ferme
et en marais. Au centre, ceux-ci présentent des fourrés impénétrables, tandis que sur la côte, les villes de Jacksonville, Saint-
Augustin, New-Smyrna sont assises au bord des lagunes allongées comme de grandes rivières, communiquant avec la mer

par des ouvertures espacées dans le bourrelet littoral, dernier terme des renclôtures auxquelles cette région marécageuse de l'intérieur doit son existence. Le *cypress-swamp* commence au golfe du Mexique, se développe sur toutes les côtes de la Floride et se dirige vers le nord jusqu'à la Chesapeake ; dans cette étendue malsaine où l'eau, la terre, la végétation exubérante restent encore mélangées, croissent des cyprès d'une nature particulière, dans laquelle les feuilles sont remplacées par des mousses ; sur la lisière des plages boueuses commence le rideau des vénéneux palétuviers et des mangliers, aux racines élevées au-dessus du sol vaseux où les vases s'infiltrent à travers ce lacis de pilotis naturels ; sur ceux-ci s'étend une autre forêt de graminées et de plantes tropicales, mêlées aux détritus plongés dans une boue infecte. Ces lieux pestilentiels ont été longtemps sans être troublés par la présence de l'homme blanc, qui leur a donné le nom de « marais sinistre ». Quelques indiens Sémnioles pénètrent seuls dans ces forêts. Le milieu de la péninsule est occupé par le lac Okeechobee, situé à égale distance des deux côtes et représentant la dernière trace du lagon autour duquel elle s'est formée par les atterrissements dus aux courants ; il occupe le fond d'une cuvette dont les bords sont légèrement relevés et protégés par les bourrelets littoraux. Ce lac a 65 kilomètres de long sur 40 de large ; il est rempli d'herbes, de roseaux et de bas-fonds ; sa profondeur n'excède nulle part quatre mètres. Les bords sont si peu consistants qu'ils ne peuvent retenir les eaux, qui, au moment des pluies, s'épanchent au-dessous dans l'immense *Swamp des Everglades*, où ne doit s'aventurer que tout être pouvant vivre alternativement dans l'eau et dans l'air. Cette étrange solitude a été vue pour la première fois en 1836 par les troupes américaines pendant la guerre contre les Indiens et explorée ensuite en 1837 par Frédéric Beverley ; quelques rares chasseurs aventureux y sont quelquefois attirés par l'abondance du gibier.

Les eaux douces près du rivage. — Derrière les chaînes des dunes on rencontre souvent des lacs d'eau douce, conséquence inévitable du manque d'écoulement de terrains plus élevés. Ces lacs ont été d'abord séparés de l'océan par un cordon de sable, comme ceux des renclôtures sur les plages basses ; ces lagunes changées en étangs séparés de plus en plus de la mer par l'amoncellement des sables, ont reçu les eaux de pluies arrêtées dans leur écoulement. Les ruisseaux ne s'épanchant plus à la mer se changent en mares et deviennent des étangs, qui, graduellement refoulés vers les plaines plus élevées, finissent par occuper parallèlement à la base des dunes un sol supérieur au niveau de la mer.

Ainsi s'est formée cette série d'étangs de la côte de Gascogne, égrenés en chapelet parallèlement à la mer et ne communiquant plus avec elle, qu'au moyen de déversoirs naturels ou artificiels creusés dans les interstices de la chaîne des dunes depuis la Gironde jusqu'à l'Adour. Ceux-ci présentent une surface variant de 6.000 hectares pour l'étang de Cazau, le plus grand, jusqu'à 663 pour celui d'Aureillan, sans comprendre une infinité de nappes d'eau de troisième ordre, innommées pour la plupart. Ils communiquent entre eux au moyen de canaux artificiels. L'altitude moyenne des lacs d'eau douce est de 20 mètres au-dessus du niveau de la mer.

Selon certains géographes, la cuvette de ces lacs représenterait d'anciens golfes marins, remontant à l'époque préhistorique (1). Selon d'autres ils auraient existé à l'époque de l'arrivée de Jules César dans les Gaules (2). De nombreux changements ont eu lieu depuis, car les états de stabilité des étangs ont été subordonnés au mouvement des dunes ; d'un autre côté l'origine de leur disposition en chapelet a été controversée. « L'existence des dunes et des étangs est un fait relativement ancien sur le littoral gascon. Les uns et les autres, entre l'époque de leur formation et la période contemporaine, ont marché de l'ouest à l'est et ont gravi la pente du continent. Dès lors, il est inexact de se baser sur l'état des choses pour reconstituer leur situation ancienne. Si rien n'autorise à affirmer que ces étangs n'étaient encore que de simples baies à l'époque de l'invasion romaine, rien non plus n'autorise à le nier » (3).

L'inspection du sol indique que s'ils sont plus hauts que le niveau de la mer, ils ne représentent que les réservoirs naturels des eaux douces du drainage des landes, dont l'écoulement ne

(1) Longon. Atlas hist. de France.
(2) E. Desjardins. Géog. hist. et administ. de la Gaule romaine.
(3) Georges Beaurain. Revue géographique, 1891.

peut se faire directement à la mer ; la couche imperméable d'*alios* qui se trouve sous tout le sous-sol, conduit par infiltration et par quelques ruisseaux les eaux dans ces réservoirs ; les canaux qui sillonnent cette région paraissent remonter aux temps les plus reculés et répondre à un besoin qui a toujours existé dans ces immenses plaines. La couche imperméable se rencontre partout à la profondeur d'un mètre ; elle est pierreuse et de couleur brune et se poursuit jusqu'à la couche de sable, où elle affleure et se manifeste sous forme de fragments agglomérés. Il est donc évident qu'elle passe sous le fond des étangs et assure leur imperméabilité.

Les vallons qui séparent les dunes sont quelquefois remplis de mares à la surface desquelles surnage un sable fin extrêmement léger, possédant un caractère pulvérulent qui l'empêche de s'enfoncer dans l'eau ; il se maintient à l'état de croûte superficielle ou de mélange pâteux en vertu de sa densité particulière. Les hommes et les animaux qui croient marcher sur une surface résistante, analogue à celle des environs dont elle paraît être la continuation, s'enfoncent dans une *blouse*, s'enlisent dans une fondrière et quelquefois y restent engloutis. Ces dangers étaient fréquents avant la transformation des landes par les forêts de sapins. Cet état semi-fluide du sable existe aussi dans les dunes du Jutland et de la Scanie, où les sables, doués d'une extrême finesse, présentent, une fois amoncelés, une masse fluide et pulvérulente dans laquelle un homme risque de disparaître (1).

Le sable ayant la propriété d'absorber une grande quantité d'eau, même quand il est fortement comprimé, sert à filtrer les eaux pluviales tombées à la surface, en constituant une enveloppe protectrice contre l'évaporation. Les sources naturelles dans la région des dunes ne tarissent pas et fournissent une eau d'excellente qualité ; aussi les villages situés sur les dunes trouvent dans leurs puits une eau potable saine, mais il arrive souvent que son séjour au milieu de sables calcaires en dissolution lui communique une légère coloration jaune, qui n'est pas nuisible à sa qualité, mais dont on ne peut le débarrasser même par le filtrage.

(1) Malte-Brun.

Girard, 8.

La différence d'équilibre entre les eaux douces voisines du rivage renfermées dans des couches de sable et la pression exercée par la marée sur ces mêmes couches, donne lieu au phénomène des *puits à maréyage*. Au moment où la mer monte, elle fait sentir sa pression sur les nappes contiguës à la plage et elle y pénètre jusqu'à une certaine distance, sans cependant se mélanger aux eaux douces. Le sable recevant les eaux d'un plateau plus élevé, il en résulte une compression alternative obéissant aux mouvements de la marée, à travers le point de contact, fissure ou sables perméables. De sorte que le niveau du fond d'un puits placé dans ces conditions, s'élève et s'abaisse suivant les intermittences de cette pression. Le résultat provient surtout de la nature du terrain ; les sables, les falaises crayeuses sont favorables à établir ces contacts élastiques avec la marée. Les puits à mareyage sont assez fréquents sur les côtes françaises de l'Océan ; on en connaît sur les côtes de Bretagne, en Normandie et dans la région landaise. La hauteur des marées et la violence des tempêtes apportent des perturbations temporaires dans le régime des sources ; ainsi, à la suite de la tempête du 27 octobre 1882, le niveau des sources d'eau douce contenues dans les dunes de la péninsule de Grave, a été modifié.

Par contre, l'isolement d'un puits des couches circonvoisines par un revêtement imperméable, le rend indépendant des alternatives de pression de la marée. A l'extrémité de la ville de Saint-Jean-de-Luz se trouvait un couvent de bénédictins aujourd'hui détruit par la mer. Deux puits solidement construits ont subsisté et s'élèvent au milieu de l'eau ; leur enveloppe protectrice ayant résisté aux érosions de la mer, permet de puiser encore de l'eau douce contenue dans les couches sous-jacentes (1).

La compression des eaux extérieures sur celles de l'intérieur existe aussi dans certains cas pour des nappes d'eau découvertes, séparées de la mer par une digue de sable. On cite en Islande le lac semi-circulaire de Diapalon, situé près du cap du Snæfells Jokull, séparé de la mer par un bourrelet de laves volcaniques mélangées de sables, où les phases de la marée agissant sur le sous-sol perméable du bourrelet littoral, provoquent

(1) Le comte de Metivier. De l'Agriculture et du déplacement des Landes. Bordeaux, 1839.

une élévation ou un abaissement de la surface du lac selon le flot ou le jusant. L'eau du lac reste douce, sans se mélanger avec les eaux marines qui lui communiquent leur mouvement alternatif (1).

Les cours d'eau ne se jettent pas toujours dans la mer par une embouchure régulière, classée dans la catégorie des estuaires ou des deltas. Ils disparaissent quelquefois dans les couches profondes, dont ils suivent l'inclinaison, pour se faire jour soit sur la grève, soit sous les eaux marines, à travers des fissures en syphon, comme pour les puits artésiens.

Sur nos côtes normandes, au pied des falaises de Port-en-Bessin, coule une source abondante provenant de la « Perte de l'Aure », rivière qui, à 3 kilomètres de distance de la côte, se jette dans un gouffre, dit : la Fosse-Tournesse, où elle disparaît au milieu des broussailles et des lagunes entrecoupées de crevasses; à l'époque des hautes eaux, cette embouchure, étant insuffisante, la rivière va se jeter à 1.400 mètres plus loin, dans l'Aure Inférieure. Les eaux se déversent en cascade sur la plage de Port-en-Bessin, après un parcours souterrain à travers les couches fissurées de la craie.

Il existe plusieurs sources sous-marines sur les côtes de Provence : A Cassis, la source de Port-Miou consiste en un petit courant d'eau douce s'épanchant à la surface de la mer; il paraît être le résultat de l'accumulation des eaux pluviales qui tombent sur le plateau de Sainte-Baume et dans les vallons d'Aubagne. A Saint-Nazaire et à la Ciotat, il existe des sources semblables. A Cannes, une source surgit au milieu de la mer à une profondeur de 162 mètres. Au cap Saint-Martin on a constaté un jet d'eau douce à 700 mètres de profondeur. Entre Menton et Monaco un ruisseau prolonge son cours sur l'eau salée (2).

A l'est de l'étang de Thau, à Balaruc-le-Vieux, la source d'Abysse s'épand au milieu de l'eau salée du lac littoral; on suppose, d'après la disposition stratigraphique du terrain, qu'elle appartient à une dérivation souterraine de l'Hérault; elle émerge à la surface en produisant des ondulations, au milieu

(1) Olafson et Palafson.
(2) Villeneuve de Flayosc. Description géol. du Var.

desquelles on puise de l'eau douce potable, quoique entourée d'eau salée.

Une source sous-marine semblable, mais beaucoup plus importante, existe à la Spezzia, en Italie ; elle se manifeste à la surface en une gerbe de 25 mètres de diamètre, surgissant à 1.600 mètres du rivage. Quand la mer est calme, on distingue l'eau ascendante, produisant à la surface une élévation lenticulaire de 3 à 5 centimètres de hauteur ; la teinte azurée de la mer forme contraste avec l'eau douce incolore, qui, en vertu de sa densité, remonte à la surface avant qu'un mélange se soit opéré.

Dans le golfe de Tarente, en Italie, près de la ville de ce nom, il existe une baie nommée : « Màre Piccolo », où une source d'eau douce, le « Citerello », sort aussi du fond de la mer au milieu de la baie. Elle était connue des anciens, si l'on en juge d'après les vestiges de constructions voisines.

On en connaît plusieurs sur les côtes de Grèce existant depuis la plus haute antiquité ; Pausanias a décrit celle de l'embouchure de l'Achéron, à laquelle il assigne un diamètre de 40 pieds. Une des plus remarquables est celle d'Anavolo, dans le golfe d'Argos, entre Kiveri et Astros, où la colonne ascendante n'a pas moins de 15 mètres de diamètre ; quand la mer est calme, on la voit jaillir avec force du fond, conservant assez d'intensité pour bomber la surface et s'échapper en ondulations concentriques (1).

Humboldt a signalé à Cuba, la Trebintchitza, sorte de fleuve remontant à la surface de la mer avec une telle impétuosité, que les petites embarcations n'en approchent pas sans danger.

Sur les côtes de Yucatan la disposition des couches aquifères permet l'échappement à la mer d'une nappe d'eau puissante se tenant à une profondeur variable et coulant entre le rivage et leur cordon littoral comme une rivière (2).

Les grèves et îlots madréporiques. — Une étendue considérable des rivages de l'Océan austral est influencée par la vie des polypes ; ils s'accroissent sans cesse, s'élevant insensiblement jusqu'à ce qu'ils aient atteint la surface de l'eau.

(1) Leak. Voy. en Grèce, t. II, p. 480.
(2) Arthur Scott.

Les Zoophytes se logeant sur les crêtes étroites, ou leur travail d'accroissement, ils constituent une muraille de même nature que la base. La mer vient briser contre ce nouvel obstacle, déferlant en écume par dessus la cime. Si les roches où les polypes ont pris naissance, présentent une surface garnie de saillies et de renfoncements, les flots réduisent en fragments les pointes aiguës et il résulte de l'amas de ces débris un véritable sol, dont la végétation s'emparera Ces animalcules microscopiques tirent du liquide ambiant leurs aliments et les éléments d'une demeure fixe, où ils pourront vivre d'abord, et

Fig. 37
Madrépores du fond de la mer.

ensuite, déposer les germes de leurs successeurs. Or, ce travail se multiplie par des nombres tellement incalculables, qu'il est devenu le type caractéristique des rivages de l'Océan austral. Tous les rochers sont couverts d'un enduit aux couleurs variées qui est le Corail. Il construit des récifs qui s'élèvent assise par assise, sous l'effort de travailleurs infatigables, mais arrivé à fleur d'eau, il s'arrête et les derniers nés ne peuvent se reproduire.

Plusieurs îles de l'Océan Pacifique sont entourées d'une couronne de rochers coraliens, capables de résister à la force des lames ; cette digue, de même origine que les pâtés de corail plus petits, apparaît de loin blanchie par les brisants; elle est surmontée çà et là d'un îlot couronné de cocotiers.

L'intérieur du « lagon » forme une sorte de port naturel

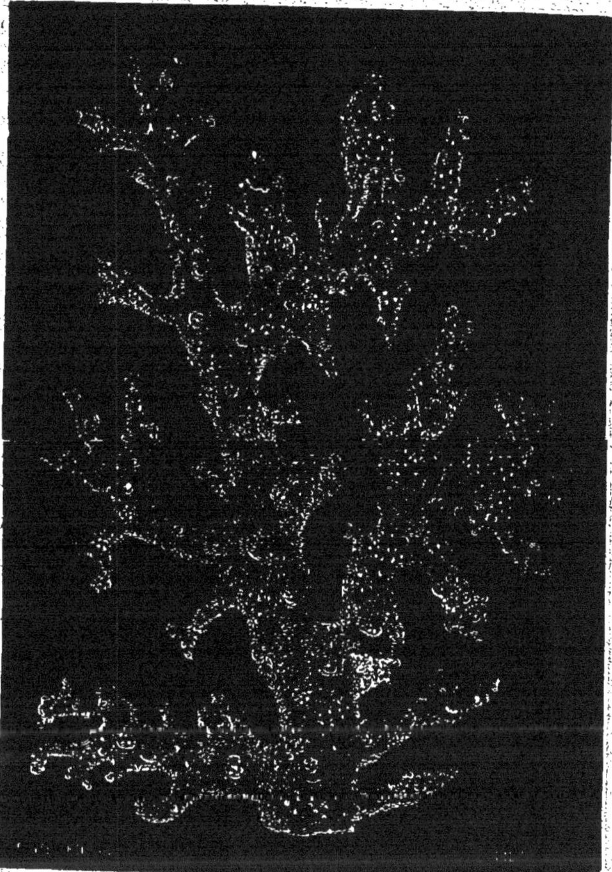

Fig. 38. — Corail.

où la mer est calme. Les sondages indiquent qu'à partir du bord extérieur de la digue de corail la pente est très rapide, quelquefois même verticale; tandis qu'au-delà, dans le bassin intérieur, la profondeur est toujours faible.

Le continent Australien et la Nouvelle-Calédonie sont entourés de ces récifs-barrières ; ceintures aux dimensions extraordinaires en rapport avec l'étendue des fragments du continent de l'hémisphère austral. Le récif-barrière d'Australie a un périmètre de 1875 kilomètres, commençant dans le détroit de Torrès, au milieu de rochers sans nombre et allant au sud jusqu'à Lady-Elliot-Island. A peine entrecoupé de passes, établissant l'échange nécessaire des eaux du bassin intérieur avec la pleine mer, il s'éloigne et se rapproche de terre, avec une distance variable entre 15 et 150 kilomètres.

Fig. 39

Iles Vanikoro, entourées du récif-barrière. (Lapérouse fit naufrage sur ces récifs).

Le récif-barrière peut être considéré comme un immense archipel d'ilots et pâtés de corail, où se rencontrent quelques iles de dimensions plus étendues. On compte 22 passes dans ce récif, praticables pour les navires, et une multitude de solutions de continuité sans importance. La profondeur du bassin intérieur varie entre 20 et 50 mètres ; elle semble être d'autant plus considérable que la largeur est importante ; vers le sud, le fond s'abaisse graduellement à 80 et même 100 mètres.

La Nouvelle-Calédonie est pareillement entourée d'une digue de corail de 740 kilomètres de développement, s'étendant parallèlement à la direction des côtes de l'ile ; elle se tient à une distance variant entre 15 et 30 kilomètres. A la distance de 200 mètres du bord de la digue, la sonde descendant le long d'une muraille verticale ne donne pas toujours le fond à 500 mètres.

Grand nombre d'îles de l'Océan Pacifique, grandes et petites, ont, dans des proportions plus restreintes, le même système de structure. L'île de Tahiti, dont la plus grande longueur est de 65 kilomètres, est entourée d'une ceinture analogue. Parmi les îles madréporiques on peut citer : l'archipel Fidji ou Viti, les îles Gambier, situées au sud du Bas-Archipel, les îles Seniavine et Hogolen, dans le groupe des Carolines, l'île Vanikoro, au nord des Nouvelles-Hébrides, les îles des Cocos ou Keeling. Dans la partie sud-est du groupe Fidji, l'île des Tortues, explorée par Cook, entourée d'un récif circulaire de 6 à 7 kilomètres de diamètre ; celui de l'île d'Hogolen a 250 kilomètres de circonférence et renferme dans

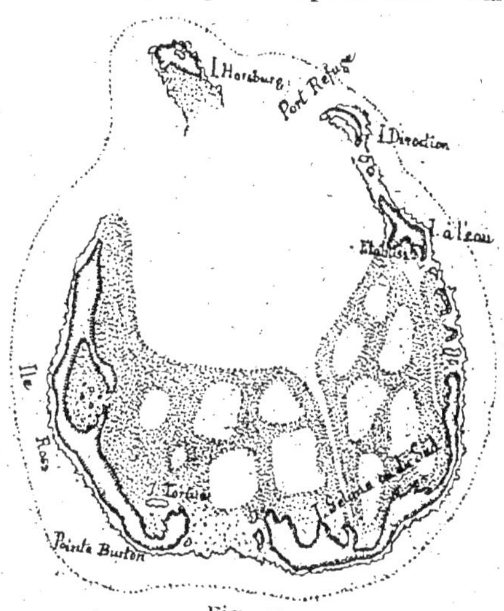

Fig. 40

Ile des Cocos (ou Keeling).

sa ceinture un archipel composé de plus de 60 îles, dont les plus rapprochées du récif sont encore distantes de 12 kilomètres. Dans l'archipel des Laquedives, appelés aussi les « Cent mille Iles », la surface de la mer est hérissée de pointes de corail, mélangées aux affleurements de sable et aux débris de ces pointes aux formes les plus capricieuses. Dans cet archipel, l'île Minicoï, qui a 10 kilomètres de diamètre, était artificiellement protégée par une digue de blocs de corail ; enlevée par une tempête en 1867, la mer fit irruption dans la plus grande partie de l'île, faisant périr les habitants et leurs plantations de cocotiers.

Tout le grand Océan équinoxial est parsemé d'ilots de corail.
Dans l'Archipel des Maldives, on compte plus de 1200 îlots ou
attolls, dont beaucoup sont plantés de cocotiers. Les mers de la
Sonde, les abords des iles Célèbes sont hérissés de ces récifs,
dont la majeure partie ne figure pas sur les cartes. Ces archipels
sont séparés des eaux profondes, comme s'ils avaient été construits sur un plateau sous-marin. Le groupe des Tchagos, séparé
des Maldives par des fonds de 5.000 mètres, est entouré d'un
anneau de corail de 450 kilomètres de circonférence, à l'extrémité duquel on remarque l'attoll de Diego Gracia, avec son récif

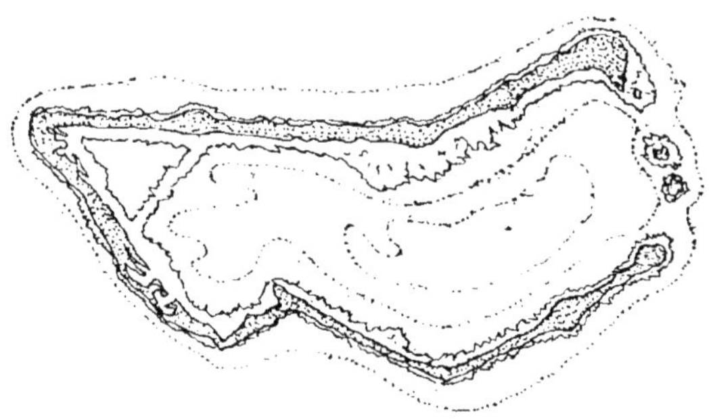

Fig. 41

Ile Diego Gracia.

bizarre ayant deux branches développées des deux côtés sur
50 kilomètres de longueur, mais n'ayant qu'une largeur à peine
d'un kilomètre.

On distingue les barrières des simples attolls en ce que ces
derniers, de moindres proportions, entourent une ou plusieurs
terres semblant émerger de l'intérieur de la lagune ; de plus les
récifs côtiers, d'origine coralline, sont différents des récifs-barrières par l'absence du chenal d'eau profonde existant entre le
rocher et le rivage ; quelquefois ils sont séparés par un fossé
restant à sec.

Les coraux se développent aussi, quoique avec moins d'ampleur, sur plusieurs points de l'Océan atlantique : dans le golfe

du Mexique et sur la côte du Brésil. On en trouve aussi dans la Méditerranée, mais ce corail, d'une espèce toute différente, ne constitue pas des colonies qui se transforment en récifs; ses formes élégantes et ses couleurs le font rechercher pour la bijouterie.

Les gisements de corail du golfe du Mexique appartiennent à une période plus ancienne que celle où nous les voyons dans le Grand Océan. La péninsule de la Floride est tout entière assise sur un banc de corail, dont on retrouve les affleurements aux Everglades. Les Cayes ou Keys, depuis le cap Floride jusqu'à la Havane, sur une longueur de 200 kilomètres, sont disposés comme une barrière destinée à enclore plus tard le golfe du Mexique, de la même façon que la péninsule du Yucatan, prolongée par les récifs de corail. Les phases de transformations successives se sont développées comme dans les autres mers : les sédiments ont été déposés sur les coraux par les flots et les courants; puis, les lagons ont été comblés, les palétuviers ont poussé sur les bords et avec tous les végétaux augmentés de leurs débris, un sol nouveau a été constitué : mobile d'abord, il s'est définitivement affermi avec la suite des siècles.

Le mode de croissance du corail a attiré non-seulement l'attention des zoologues, mais aussi celle des géologues ; il paraît ne pouvoir se développer que sur un banc sous-marin lui servant de base première. On avait d'abord supposé que chaque attoll était construit sur les bords d'un cratère sous-marin distant de la surface en voie d'affaissement. Il aurait eu lieu insensiblement, permettant aux coraux de croître jusqu'au niveau de la mer. Cette théorie émise par Darwin (1), d'après ses études sur l'archipel des Cocos ou Keelings, procède d'un fait isolé à une théorie d'ensemble embrassant une région tout entière. Admettant que les coraux ne puissent vivre que dans les couches superficielles de la mer à la température de 20°, la hauteur de certains massifs corallins répondrait à l'idée d'enfoncement du fond de la mer. Car les colonies madréporiques ne commencent leur travail qu'à 40 ou 50 mètres de la surface, en s'élevant graduellement jusqu'au contact de l'air. Des rangées de sommets

(1) Coral Reefs.

sous-marins s'élèvent effectivement à travers tout le Grand Océan ; là même où pas un rocher ne s'élève au-dessus de la surface. Toutes les iles madréporiques qui existent entre les iles Paumotou et l'ile Wake, près de l'archipel Marshall sont disposées en alignement. Et de même que les iles hautes au sud de celles-ci, elles affectent une disposition de courbure uniforme allant vers le Nord-Ouest. Les iles de corail seraient donc les témoins de l'orographie sous-marine représentant une immense chaine sous-marine de hauteurs de plus de 5.000 milles de développement.

Forbes vérifiant cette théorie à l'ile des Cocos, a fait remarquer que certaines plages se sont élevées, tandis que les chenaux qui permettaient le passage des navires se sont comblés par l'agrégation des coraux (1). Ce fait serait en faveur de l'affaissement (2).

M. Saville-Kent (3) n'a point trouvé de contradictions évidentes à cette hypothèse. Il invoque cependant la présence de blocs ou de couches de récifs à un niveau supérieur à celui des récifs actuels, semblant indiquer que depuis la formation de ces blocs ou couches, il se serait produit une surélévation. On retrouve des étendues de coraux morts situés entre le niveau de la mer et les coraux vivants. Celles-ci peuvent être expliquées par les perturbations apportées par les tempêtes qui se meuvent des limites considérables. MM. Gruppy et Murray ont aussi invoqué cette circonstance, qui n'est qu'un phénomène exceptionnel.

M. Gruppy a découvert dans l'archipel des iles Salomon d'anciens attolls élevés au-dessus de la mer. Sir Mac Gregor en a vu aussi aux Bouhoutou et aux Ouari, à l'extrémité orientale de la Nouvelle-Guinée. Quelques-uns s'élèvent à 100 mètres ; le milieu de ces enceintes, occupé jadis par la lagune, est comblé et couvert d'une riche végétation ; la partie centrale présente la forme d'une cuvette dont le fond est à environ 30 mètres plus bas que les bords.

(1) Voyage of a naturalist round the World. 1870.
(2) Cuthbert Collingwood. Rambles of a naturalist.
(3) The Great Barrier reef of Australia... 1893.

Sans recourir à cette théorie, il semble plus naturel d'interpréter d'autres faits dépendant de l'ordre zoologique en comparant la faune de la Nouvelle-Guinée et celle de l'Australie, ayant ensemble de nombreux points de contact. Ces deux continents anciennement réunis, auraient été disjoints par un affaissement auquel la partie septentrionale du récif-barrière d'Australie devrait sa formation.

L'hypothèse darwinienne, sans être définitive, est plus satisfaisante que les autres. Plusieurs naturalistes le partagent: d'après Balansa, il n'y aurait d'autre motif à la construction des attolls que la propension naturelle des coraux à se développer graduellement du côté extérieur où l'eau est toujours agitée. Cette propension les conduit à la superposition en suivant les contours de leur base naturelle.

Fig. 42

Différentes formes du corail.

V

LES DELTAS

Caractères généraux. — Le delta est ainsi nommé à cause de sa ressemblance avec la lettre grecque de ce nom ; dénomination appliquée dès les temps les plus reculés aux bouches du Nil, dont les deux bras principaux figuraient les deux côtés du triangle, ayant pour base le rivage de la Méditerranée. Le delta n'existe que dans les mers sans mouvement de marée ; leur calme permettant seul l'accumulation à l'embouchure des matériaux apportés par le fleuve. Le delta est le contraire de l'estuaire, où la plaine alluviale remplace l'ouverture creusée par le mouvement des eaux.

Ses principaux caractères sont la conséquence de causes nombreuses : le régime des eaux du fleuve ; la nature des terrains qu'il traverse, les courants locaux de la mer et la direction des vents dominants. Plus vaste est la mer dans laquelle se jette le fleuve, plus lent est l'accroissement du delta. S'il se déverse dans un bassin peu profond, il le comble rapidement.

Les auteurs anciens s'étaient préoccupés des atterrissements des deltas ; ils les comprenaient, mais ils manquaient de repères légués par l'histoire, tels que les vestiges de monuments, les ruines de substructions ou les documents historiques. Ceux-ci, consultés avec réserve et interprétés géographiquement, ont fourni des renseignements précieux.

En approchant de la fin de son cours, le fleuve paraissant quitter la terre à regret, semble engourdi dans ses capricieux méandres ; sa pente est devenue insensible, par suite de l'exhaussement du fond ; dans les crues il déborde, s'épanche dans les lagunes marécageuses, où il dépose son limon. Arrivé à son point terminal il mélange péniblement ses eaux avec celles de la mer, abandonnant les dernières vases qui forment la base sous-marine, caractéristique de tout échange entre deux bassins où les mouvements des eaux ne sont pas équilibrés.

Les crues des fleuves influencent la formation des deltas, puisque ceux-ci représentent l'amas d'une notable partie du cube des matériaux de leur érosion. La vitesse du Nil, d'après les ingénieurs de l'expédition française en 1799 et 1800, est de 645 millimètres à la seconde à l'époque de la montée des eaux. Aux étiages les plus faibles, des expériences répétées ont reconnu un débit de 460 mètres cubes à la seconde, atteignant 460 mètres à Siout à la fin de mars et 13.000 mètres dans les crues moyennes (1). Le Rhin, dont le cours est beaucoup moins long, mais la pente plus forte, a un débit moyen de 800 mètres par seconde à Bâle ; le débit minima étant représenté par 200 mètres et le maximum par 1.200. Dans les fortes crues il s'élève à 5.000 et même 6.000 mètres ; soit beaucoup moins que les crues ordinaires du Nil. Le Rhône, à Beaucaire, débite 400 mètres en basses eaux et jusqu'à 14.000 aux crues. Mais le Rhône, le Rhin et le Danube sont alimentés par la fonte des neiges et des glaces des Alpes pendant l'été ; ils sont beaucoup moins réguliers que le Nil, qui doit ses crues aux pluies tropicales (2).

La surface des plaines alluviales provenant des dépôts des fleuves a été mesurée ; voici quelques renseignements montrant les termes des proportions (3).

FLEUVES	KIL. CARRÉS	AUTEURS
Grange et Bramapoutra	8.259.435	Daniel.
Mississipi	3.189.983	Lyell.
Nil	2.219.400	Humphrey.
Danube	258.795	Credner.
Rhône	75.000	E. Reclus.
Aude	20.000	E. Reclus.

(1) Linant de Bellefonds.
(2) Ch. Grad. Bull. de la Soc. de Géogr. 3ᵉ trim. 1889.
(3) Credner. Mitteilungen von Petermann. XII. 1878.

Le Nil. — Le Nil est la vie de l'Egypte et l'Egypte est le territoire que l'inondation atteint. La terre produit sans engrais, sans pluie, sans charrue. Quand les eaux débordées se retirent après la crue annuelle, commencée au printemps et terminée en décembre, le sol reste couvert d'un limon fertile, où le fellah jette la semence qui, par son propre poids, se place dans ce sol factice ; il possède suffisamment d'humidité sous le soleil tropical, pour n'avoir pas besoin d'arrosage jusqu'à l'époque de la récolte, qui se fait en avril, avant les grandes chaleurs et le retour de la nouvelle inondation.

L'analyse indique que les matières solides transportées d'une crue à l'autre sont d'environ 30 millions de mètres cubes (1). On admet que l'eau contient en moyenne quatre parties de limon sur mille parties d'eau; à l'époque des basses eaux, elle est limpide et agréable à boire. Tout le sol de la région du Bas Nil est recouverte d'une couche de terre noire dont la superposition finit par exhausser lentement le sol, quoique rien ne paraisse changer le régime du fleuve ; ses crues restent les mêmes et les terres inondées sont sans changements. Si l'on pouvait soulever séparément les couches limoneuses comme les feuillets d'un livre, on retrouverait en correspondance avec chaque année une pellicule représentant le dépôt opéré par la crue. Cette superposition a été examinée dans certaines fouilles pratiquées à la base des monuments anciens. Aussi les piédestaux sur lesquels reposent les colosses de Memnon, presqu'entièrement enfouis sous ces alluvions, dans la plaine de Kournak, se trouvent à 5 mètres au-dessous du sol actuel. M. Lebas a constaté que si les édifices voisins de l'obélisque de Louksor étaient déblayés, ils seraient aujourd'hui recouverts d'une épaisseur d'alluvion de cinq mètres. Les ingénieurs accompagnant l'expédition d'Egypte ont évalué à 126 millimètres par siècle l'exhaussement des dépôts limoneux (2).

Le temple de Karnak, actuellement atteint par l'inondation, ne l'était pas dans l'antiquité, et si l'édifice voisin était déblayé de ses décombres, les eaux s'y élèveraient à plusieurs mètres de

---

(1) Credner. Die Deltas. Mittheilungen von Peterman. XII. 1878.

(2) Mém. sur l'Egypte publiés pendant les campagnes du général Bonaparte. 1800-1803.

hauteur. Plus en amont, à Semnels, en Nubie, M. Ch. Grad (1) a remarqué au-dessous de la troisième cataracte des inscriptions hiéroglyphiques gravées sur le rocher, d'après lesquelles sous la douzième dynastie des rois d'Egypte, il y a quarante siècles, les eaux montaient à 7 mètres au-dessus des hautes eaux actuelles. Il y aurait eu un abaissement du sol, au lieu d'un exhaussement. Mariette attribue ce changement à des travaux de barrage exécutés au moyen empire.

Suivant Aristote, le fleuve se tarirait et la branche occidentale du Delta, dite Canopique, reconnue comme la seule naturelle; les autres bras seraient dus à la main de l'homme. Plutarque dit que tout le Delta aurait été anciennement submergé par la mer; témoignage concordant avec la présence de coquillages marins retrouvés dans les déserts voisins et le degré de salure des puits qu'on y creuse. A l'époque d'Hérodote, il y 2400 ans, la bifurcation du Delta commençait à Memphis, tandis que maintenant, elle est à trente kilomètres de ce point. Les documents anciens permettent de croire que les grandes lagunes qui bordent la côte depuis Alexandrie jusqu'à Péluse, existaient à peu près telles qu'elles sont au début de l'époque historique; mais, peut-être avec moins d'extension qu'elles n'en ont depuis que la négligence de l'entretien des digues a modifié leurs rives. Les branches énumérées par les anciens géographes étaient au nombre de sept : en partant de l'ouest, la branche Canopique, débouchait à Canope, à l'est d'Alexandrie; la Bolbitique, représentait celle de Rosette; la Sibennytique, dont on retrouve encore les traces dans une partie du lac de Bourlos; la Phatritique, qui n'est autre que celle de Damiette; la Mandésienne, la Tanitique ou Saïtique et la Pélusiaque; trois branches dont les faibles vestiges se perdent dans le lac Menzaleh.

Aux deux artères principales du Nil se rattache tout un réseau de canaux d'irrigation; plusieurs ont même été creusés dans les branches abandonnées du fleuve; leur pente est presque nulle, soit 0ᵐ07 par kilomètre. Le système d'irrigation du Delta, tel qu'il est, remonte à la plus haute antiquité; la longueur des canaux totalisée représente 7200 kilomètres (2). Il est placé sous

(1) Bull. de la Soc. de Géogr. 3ᵉ trim. 1887.
(2) A. Chélu. Le Nil, le Soudan, l'Égypte. Paris, 1891.

la juridiction de l'administration, qui les entretient et règle la répartition de l'eau : de l'observation des règlements dépend la distribution de ces eaux limoneuses éminemment fertiles et par suite le succès des récoltes. C'est ce qui fait la différence de l'Égypte administrée sous les Ptolémées, avec l'Égypte en décadence sous les Romains et ruinée sous les Turcs.

L'espace triangulaire occupé par le Delta comprend 22.276 kilomètres carrés (1). Il est traversé par les deux branches principales : celle de Damiette et celle de Rosette ; à l'est de cette dernière s'étend le lac Menzaleh de 60 kilomètres de long, protégé de la mer par un cordon littoral de sable d'épaisseur variable ; à l'ouest de celle de Damiette, se trouve le lac Etko et entre les deux branches, le lac de Bourlos. De Port-Saïd à l'entrée du canal de Suez jusqu'à Alexandrie la plage s'aligne sur une longueur d'environ 300 kilomètres. Tout le delta est entrecoupé de canaux naturels destinés à l'irrigation, entre lesquels existent des lacs secondaires peu profonds comme les précédents, où l'on pourrait s'avancer jusqu'à grande distance en n'ayant de l'eau que jusqu'au genou. Parmi ceux-ci on signale le lac d'Aboukir, conséquence d'une irruption de la mer en 1784, dans une plaine basse mal défendue contre l'inondation et au milieu de laquelle s'élevaient des villages qui furent submergés.

Le rivage de la mer formant le front du delta se serait avancé de deux mille mètres depuis l'époque historique, si l'on en juge d'après les progrès annuels constatés à Rosette, où depuis 40 ans la plage s'est augmentée de 40 mètres. L'accroissement de cette plage qui s'étend jusqu'à Alexandrie, a permis à cette ville de s'agrandir de ce côté, sur les relais de mer, dont la plaine sablonneuse représente les atterrissements du fleuve.

Le Rhône. — Le delta du Rhône présente un type des mieux connus par de nombreux travaux historiques et hydrographiques entrepris à différentes époques. Le fleuve descend rapidement des vallées de montagnes, arrive à la mer avec une pente d'autant plus faible qu'il s'en approche et s'engourdit dans des détours capricieux. La pente est de 1 mètre par kilomètre

(1) A. Chélu.

Girard, 9.

à Lyon, tandis qu'elle se trouve réduite à $0^m 12^e$ depuis Arles jusqu'à la mer. Le fleuve, impétueux à son début, éprouve, à mesure qu'il s'approche de son embouchure, un ralentissement favorable au dépôt des matériaux qu'il a entraînés dans la partie supérieure de son cours.

Le Rhône déverse annuellement à la mer un volume de 54 milliards de mètres cubes d'eau, contenant 21 millions de mètres cubes de sable limoneux (1). Ces matériaux sont rejetés par le grand bras dans le golfe de Fos, où ils s'accumulent en *theys* ou bancs sans consistance qui se transformeront après cette première étape, en nouvelles rives; à l'embouchure même, une barre visqueuse s'étend en demi-cercle, traçant au milieu des eaux épaisses une limite avec les eaux marines; sa crête, large d'une centaine de mètres, émerge tantôt à fleur d'eau, tantôt se trouve recouverte, et restant traversée vers le milieu par la partie la plus active du courant des eaux douces, qui creuse un chenal dans la boue amoncelée. Là est la passe; ouverture variable suivant les crues ou les périodes d'agitation de la mer, conservant à peine un mètre de profondeur. Sur le versant méridional de la barre la pente est faible, les dépôts étant plus abondants; du côté du large elle est plus rapide à cause du courant littoral et du mouvement d'affouillement des vagues. Pour modifier la barre on avait rétréci le lit du fleuve dans sa partie extrême entre les digues, pensant que l'activité du courant chasserait les dépôts fangeux; l'effet se produisit au débouché des digues, mais la barre se reporta plus loin.

La différence de niveau entre la mer et le fleuve, nulle par temps calme, n'existe qu'avec les vents d'est ou les crues; lorsque le vent souffle, les vagues, refoulant les eaux dans le chenal, annulent le courant et provoquent l'inondation dans les parties basses; les crues sont impuissantes à pratiquer une trouée dans la vase molle de la barre; elles ne font que bouleverser les pentes du dépôt, creusant un passage, en même temps qu'elles en obstruent un autre, et cela jusqu'à ce que le cours moyen normal étant rétabli, la barre se reforme telle qu'elle était. Ces

---

(1) A. Surell. Mémoires sur les Embouchures du Rhône. 1847. — 19 millions d'après Reybert.

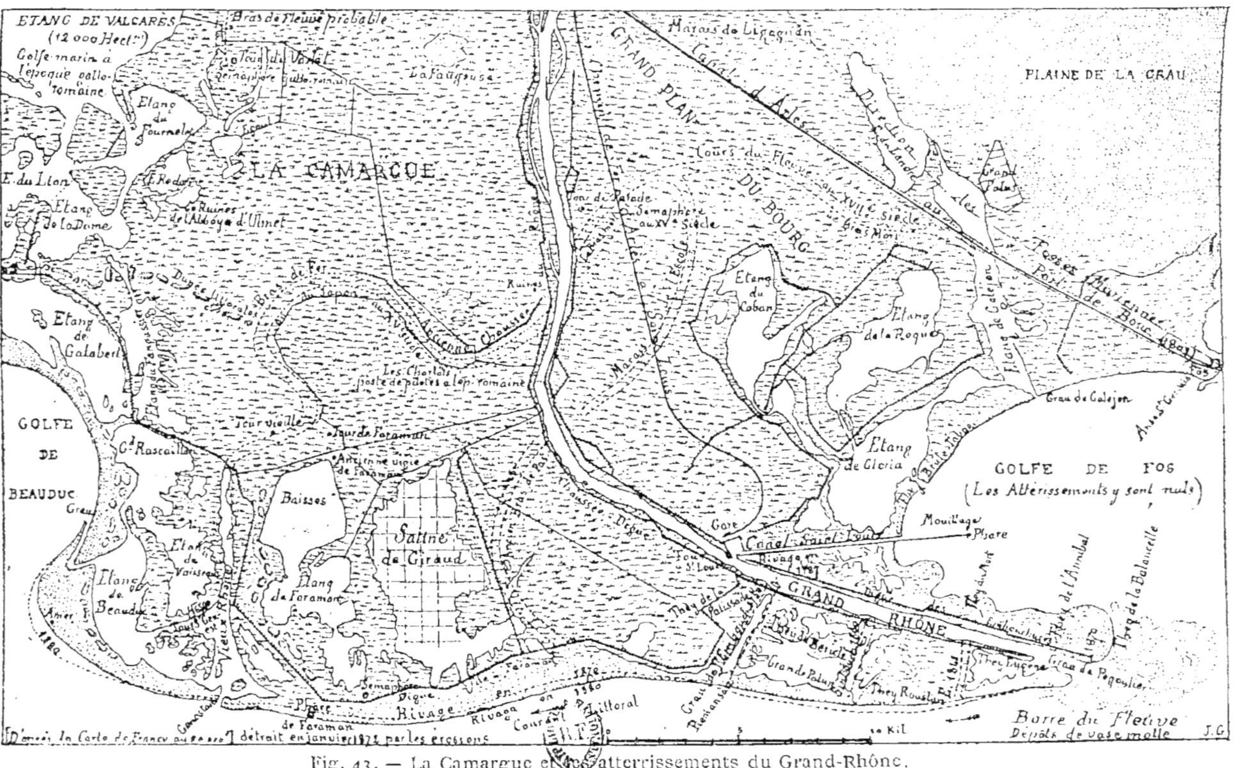

Fig. 43. — La Camargue et les atterrissements du Grand-Rhône.

incertitudes ayant détourné la navigation de ces passages dangereux, on a rétabli l'accès du fleuve en creusant le canal Saint-Louis qui aboutit à l'anse du Repos, où la mer, plus profonde, n'est pas encore soumise aux envasements de l'embouchure du Grand-Rhône.

Les Romains s'étaient déjà préoccupés de rectifier le cours du fleuve pour atteindre Arles, comprenant que la navigation fluviale était d'autant plus utile que les routes manquaient. Marius fit creuser le canal d'Arles à la mer, pour permettre le ravitaillement de son armée campée sur les plateaux des Alpines. Les vestiges de ce canal, dit Fosses Mariennes (*Fossa Marianœ*) sont trop peu évidents pour autoriser la restauration de son tracé; d'après P. Desjardins, son point de départ aurait été la ville d'*Énarginum* (Saint-Gabriel actuellement): une autre *fossa* parallèle au fleuve aurait abouti à Fos; d'où peut-être : *Fossœ Marianœ Portus*. Ce canal, permettant d'éviter le passage de la barre, aurait eu le même but que le canal de Saint-Louis.

Les témoignages de Strabon, de Ptolémée, de Polybe indiquent que 400 ans avant l'ère chrétienne l'extension du delta était restreinte. L'embouchure du Grand Rhône, située aujourd'hui à 50 kilomètres d'Arles, n'en était éloignée que de 24; la progression aurait été de 26 kilomètres en 22 siècles. Suivant Astruc, l'accroissement du delta aurait pour repères l'ordre chronologique de la construction de tours bâties sur les rives du fleuve, pour servir de phares ou d'amers destinés à guider les navigateurs à l'entrée des passes. Si le fleuve avait toujours eu son embouchure à la même place, ces indications n'auraient pas eu raison d'être. Mais quelques-unes existent encore ou du moins leurs ruines sont encore visibles et elles s'échelonnent dans la plaine du delta aux points où l'on remarque encore des traces de l'ancien cours du fleuve. La Tour de Parade, la plus éloignée de toutes dans l'intérieur, semble indiquer l'embouchure à l'époque gallo-romaine pour le bras du Grand Rhône et correspondrait avec la tour de Varlat placée à une autre embouchure. La tour de Mondovi et la tour Vassale, indiqueraient une époque ultérieure. La tour Saint-Genest, moins éloignée de la mer que les précédentes, correspondait certainement à l'embouchure du Bras-de-Fer en 1656, date avérée de la construction. La tour de Tampon, érigée en 1614 était, d'après une tradition locale, un poste de pilotes. La tour Saint-Louis, la plus récente de toutes les précédentes, date de 1787 ; bâtie au bord de la mer, elle en est éloignée aujourd'hui de 8 kilomètres. Pareille constatation s'applique à la tour de Faraman, placée sur le rivage même au XVIᵉ siècle, à l'embouchure du Bras-de-Fer ; elle a été remplacée par un nouveau phare portant le même nom établi sur le bord de la mer, mais qui, détruit par les érosions en janvier 1872, a été reporté plus loin. Ces vestiges relégués dans la plaine alluviale comparés entre eux, semblent concorder avec les progrès d'avancement déterminés par des repères modernes.

Au temps de Pline, le bras principal aboutissait à l'étang de Maugio, où il est encore représenté par le cours du petit Rhône, dont on retrouve des traces près du ruisseau du Vieux-Vistre, touchant au canal de la Radelle et s'étendant jusqu'à l'ouest d'Aigues-Mortes et au-delà vers l'étang de Maugio ou de l'Or, où il aboutissait sous le nom d'*Ostium Hispaniense*, dénomination significative de son extension vers la côte d'Espagne, qu'il atteignait indirectement en se perdant à travers les étangs littoraux qui bordent le golfe du Lion. La partie supérieure du cours du Petit-Rhône subsiste seule et conserve le nom de *Rhodanus minor*, opposé au grand Rhône, *Rhodanus major* ; entre ces deux bras serpentait le *Rhodanus medius*, dont les méandres encore visibles au milieu des marécages, se rapportent au bras de Saint-Ferréol.

Aigues-Mortes, d'où Saint-Louis s'embarqua pour les croisades, est une ville morte dans toute l'acception du terme ; reléguée dans un désert alluvial, elle domine la Petite Camargue, entrecoupée d'étangs, de salines et de dunes. « Tout est mort autour de cette ville morte ; en présence de cette enceinte d'un autre âge et d'un autre monde, rien ne rappelle l'Europe moderne et l'on se croirait transporté dans ces lumineuses et tristes contrées de l'Afrique et de l'Orient, qui, comme Aigues-Mortes, ne vivent plus que par le passé » (1). Cette ville n'a pas changé depuis le XIIIᵉ siècle, époque à laquelle il y avait un modeste

(1) Ch. Lenthéric. Les villes mortes du golfe du Lion. 1876.

port intérieur au milieu des étangs et les navires stationnaient au pied de la tour Constance; la plage était traversée par un chenal sinueux ouvert par les courants d'eau douce, mais que probablement on avait été obligé d'approfondir pour maintenir une voie navigable entre le port et la mer (1). Depuis cette

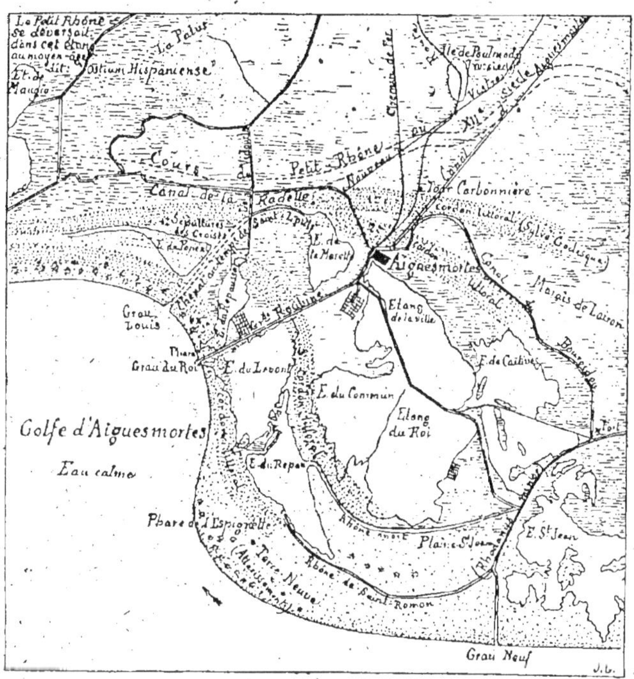

Fig. 44

Les environs d'Aigues-Mortes.

époque, le littoral a peu varié, les agents transformateurs ne l'ayant pas influencé ; le chenal par lequel passèrent les navires des croisés est resté tel et porte encore le nom de Grau Louis.

Les atterrissements qui se sont portés à l'époque préhistorique dans la partie est du delta, à l'embouchure du Grand Rhône, se faisaient du côté opposé. La mer a reculé graduelle-

(1) Ch. Lenthéric. *Ibidem*.

ment devant les apports du fleuve : les vents dominants, cause déterminante des modifications littorales, ont concouru à la formation de quatre cordons de sable derrière lesquels les eaux fluviales séjournaient, sans s'épancher dans des étangs échelonnés sur toute la côte. On retrouve au nord d'Aigues-Mortes les traces distinctes du plus ancien de ces cordons représenté par le massif de la Sylve Godesque. De nouvelles flèches de sable, dues aux mêmes causes, succédèrent à celui-ci, décrivant une courbe de plus en plus infléchie vers l'est. Ces digues élevées par les vents et les flots ont isolé les étangs de la Marette, du Roi, de la Ville, du Repausset, etc. Actuellement un quatrième cordon se forme sur la plage orientale, à laquelle on a donné le nom significatif de Terre-Neuve (1).

Une notable partie du limon fluvial s'écoule par le grand Rhône, entre les digues régularisant l'extrémité de l'embouchure ; elles oblitèrent les fausses passes pour diriger la totalité des eaux vers la barre. Ces ouvertures sont nombreuses ; le Grau du Pégoulier datait du XVIIIᵉ siècle ; le Grau de Piémanson de 1750 ; le Grau de Roustan de 1841 ; le Grau d'Eugène de 1850. Les ingénieurs ont corrigé la voie fluviale en resserrant le courant entre des digues, mais ils n'ont pu empêcher les courants marins de l'est de répartir les vases sur les plages voisines. Elles augmentent sans cesse les bords de la plaine alluviale ; abandonnées sur la barre, elles sont entraînées à l'ouest, sans se propager dans le golfe de Fos, où les atterrissements sont nuls ; mais leur épandage lent, en vertu de leur propre poids, finira cependant par combler le golfe et obstruer le canal Saint-Louis. On évalue à 40 mètres par an ce comblement méthodique ; chiffre qui permet de déterminer l'époque encore éloignée, mais certaine où il faudra trouver un autre accès pour la navigation.

Le courant littoral partant de l'est à l'ouest a accumulé les matériaux limoneux sur la face antérieure du delta, jusqu'à l'entrée du golfe d'Aigues-Mortes, à la plage de l'Espinguette, où le courant se perd au large, sans influencer l'eau calme du golfe.

Les alluvions du Rhône ont donné naissance à une région étrange : la Camargue, plaine d'une surface de 75,000 hectares,

(1) Ch. Martins, Bull. de la Soc. de Géogr. Février 1875.

dont l'aspect se rapproche à la fois du delta du Nil, des pampas de l'Amérique du Sud, des polders de la Hollande, des marais Pontins d'Italie et des Marennes de Toscane ; cette physionomie est due à ses canaux, ses étangs, ses plaines mélancoliques et solitaires, où paissent des troupeaux de chevaux errants et de bœufs indomptés. Dans cet enchevêtrement de digues, de fossés, les évolutions successives des empiètements du sol dues aux évolutions de la mer et au travail du fleuve conservent leurs empreintes ; entre les deux bras du fleuve aux abords desquels les alluvions se sont répandues, se trouve l'étang de Valcarès, immense nappe d'eau saumâtre de 12.000 hectares, représentant un ancien golfe marin parsemé de bas-fonds, ayant sa partie antérieure isolée de la mer par une série de cordons de sable entrecoupés de graus. Un cinquième des terres de la Camargue est en état de culture ; quoique les inondations ne les recouvrent plus, elles restent encore imprégnées du sel amalgamé aux vases visqueuses, cristallisant dans certaines circonstances favorables en larges plaques nommées : *sansouires*. Il en résulte des marais semi-salés, des palus, des roselières impénétrables et remplies d'herbes entrant en putréfaction aux premières chaleurs Ce sol vaseux engendre des fièvres régnant sur la population à l'état endémique ; aussi la culture et les assainissements languissent faute de bras pour l'amélioration de cette solitude néfaste.

Le Pô. — Le développement du Pô est restreint ; mais son vaste bassin en forme de cuvette recueille les innombrables produits de l'érosion des Alpes méridionales. Il reçoit, d'après Lombardini, 42,760,000 mètres cubes de limon annuellement, qui vont s'échouer sur le fond de la mer Adriatique, où l'eau calme est favorable à l'accroissement du delta. Les documents historiques et les vestiges de travaux hydrauliques datant du moyen-âge ont permis d'évaluer le degré d'avancement de ce delta à 60 mètres par an.

Aux temps préhistoriques les torrents descendant des montagnes aboutissaient à un golfe profond, baignant le pied des Alpes ; mais les apports successifs ont comblé ce golfe, remplacé par les fertiles plaines de la Lombardie, au milieu desquelles a

subsisté un drainage naturel dont le Pô reste le canal artériel.
Des ports s'étaient fondés à l'embouchure des principaux bras
du fleuve : Ravenne, comme actuellement Venise, bâtie autrefois au milieu des lagunes, est aujourd'hui reléguée loin de la
mer. Adria, ville d'une haute antiquité, qui a donné son nom au
golfe, était aussi accessible par mer. A cette époque, une chaîne
de dunes peu élevées faisait suite au long cordon derrière lequel
étaient des lacs littoraux, comme aujourd'hui le Lido de Venise.
Des lagunes, comparables à celles de Comacchio, recevaient les
eaux douces avant leur mélange avec la mer. La digue de sable
finit par se rompre et les eaux s'épanchant par plusieurs ouvertures, le delta s'avança.

Depuis Trieste jusqu'à Ancône toute la côte italienne s'augmente des alluvions, sans que le travail de la sédimentation soit
troublé ni par la marée, ni par les courants; seuls les vents
aident les flots à modeler les plages nouvelles; les vases sont
reportées tantôt au nord, tantôt au sud par les flots où elles
s'allongent en cordons séparant les lagunes de la pleine mer,
jusqu'à ce que celles-ci finissent par être comblées. On a calculé
que si les vases déversées dans le golfe Adriatique, au lieu de
s'étendre longitudinalement à la côte, sous l'influence des vents
régnants, restaient en face du point où elles arrivent à la mer,
elles formeraient en mille ans une plaine alluviale se projetant
sur une largeur de 10 kilomètres jusqu'à la côte d'Istrie.

Les forages exécutés à Venise pour la création de puits artésiens ont fourni des indications sur la composition du sous-sol
du delta. Neuf forages successifs ont presque tous traversé les
mêmes couches; l'un d'eux, poussé jusqu'à 172^{m}50^c, a traversé
plusieurs amas de lignites; on a ainsi reconnu que les couches
de sable et de vase alternent et sont plus ou moins limoneuses
jusqu'à la profondeur moyenne de 50 mètres.

Le Danube. — Le Danube étant le premier fleuve d'Europe par
son importance commerciale et celle des États qu'il traverse, une
Commission nommée par sept puissances européennes intéres-
sées, siège à Galatz, dans le but d'administrer tout ce qui concerne
la navigation du fleuve et notamment l'entretien du chenal dans
l'embouchure, pour que son accès soit facile en toute saison.

Les eaux du fleuve se déversent irrégulièrement dans la mer Noire par trois bouches principales : celle de Kilia, au nord ; celle de Soulina, au milieu, et celle de Saint-Georges au sud. La branche de Kilia est la plus navigable et celle de Soulina la moins favorisée ; aussi la première a été endiguée et approfondie pour la navigation. Les résultats des travaux ont été, non pas de supprimer la barre, mais de la reculer à un point où elle est acceptable pour la navigation, qui compte 1.900 navires par an. De plus avec des jetées convergentes on a pu faire baisser de 3 mètres le seuil de cette barre, ce qui permet aux navires calant six mètres de passer en toute saison.

Ce fleuve déversant dans la mer Noire plus de deux fois autant d'eau que toutes les rivières de France, entraîne une quantité de sable et d'argile abandonnés dans les marais et sur les rives du delta. La division des trois branches se fait au-dessous d'Isatcha, où il serpente entre d'immenses forêts de roseaux au milieu desquelles apparaissent de loin en loin des huttes de pêcheurs valaques. Le delta consiste en une agglomération d'îles marécageuses, séparées de distance en distance par d'anciens bras ou des fossés à moitié remplis d'eau et de roseaux ; ce sol est tantôt inondé, tantôt émergeant suivant l'élévation de l'eau pendant les cours.

Pendant la saison des pluies le fleuve s'élance dans la mer Noire avec une impétuosité suffisante pour que ses eaux, refoulant celles de la mer, ne se mélangent pas avec elles et soient reconnaissables au loin à leur teinte verdâtre. Quoique la quantité du limon amenée par le fleuve soit considérable, cette poussée au moment des crues répartit sur un espace étendu les alluvions sous-marines et diminue relativement le progrès du delta. Les anciens avaient observé cet envasement du Pont-Euxin et craignaient qu'avec le temps, il ne se transformât en une mer parsemée de bancs de sable comme le Palus-Mæotide. Cet empiètement est évident, mais le remplissage de la mer Noire exigera un temps incalculable.

Le Volga. — Ce fleuve « travailleur » dont le cours a 3,715 kilomètres de long, et destiné à combler la mer Caspienne à une époque déterminable. Il traverse des terrains sablonneux d'où il importe une quantité énorme de vases, évaluée à 5 centimètres cubes par mètre (1). La masse totale de limon amené à l'embouchure par le bras principal est de 20,000 mètres cubes en vingt-quatre heures. Elle s'y dépose naturellement par sa densité, sans être emportée par un courant : mais seul le vent soufflant toujours dans la direction de l'est, refoule les eaux sur la côte occidentale.

Les dépôts s'opèrent sous deux formes : d'abord des terres nouvelles s'émergent au-dessus du niveau des eaux, avançant progressivement le delta sillonné par plus de 50 bras mal déterminés ; les différences résultant de la comparaison des cartes de 1726 avec celles de 1813, indiquent un avancement de plus de 150 kilomètres sur la mer Caspienne. La seconde forme consiste dans les accumulations sous-marines représentant une barre au point où chaque bras pénètre dans la mer.

La navigation se faisait par le bras nommé : ancien Volga, aujourd'hui comblé en partie ; les navires sont contraints de passer sur des fonds de 70 centimètres ou d'attendre qu'une crue ou un vent favorable augmente de quelques centimètres la hauteur de l'eau sur le seuil vaseux. D'importants travaux d'endiguement et de dragages ont été entrepris depuis 1870, mais ils ont été exécutés en pure perte.

Indépendamment du delta proprement dit qui s'étend sur une longueur de 60 kilomètres, depuis Astrakan jusqu'à la mer, toutes les steppes de la rive occidentale se confondent avec des marécages littoraux, entrecoupés de lacs aux contours indécis, mais toujours orientés uniformément de l'est à l'ouest. Ils occupent toute la région comprise entre la latitude d'Astrakan jusqu'aux bouches de la Kouma sur une longueur de plus de 400 kilomètres. Quelques-uns de ces canaux ont souvent plus de 40 kilomètres de longueur, comprenant des îles, des presqu'îles, des langues de terre et des solutions de continuité, mais tous ces accidents du sol sont alignés dans une direction unique. Ces milliers de canaux ou lacs allongés offrent un dédale qui n'est comparable à aucun marais littoral connu : les rares habitants des steppes voisines n'osent même pas s'aventurer. Les collines de

(1) Ch. Mrotchkowski.

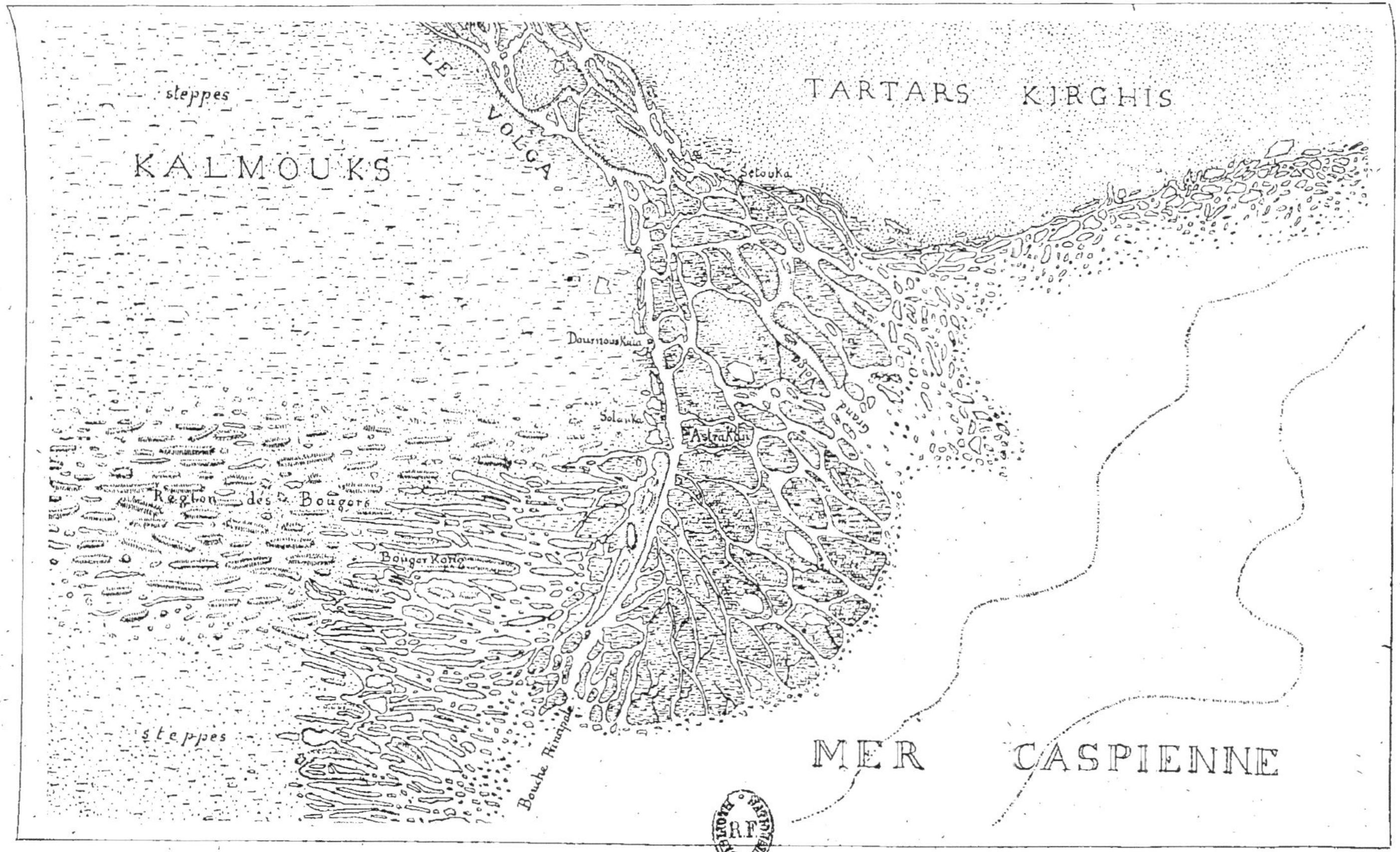

Fig. 45. — Bouches du Volga.

sable ou « Bougors » ne sont jamais élevés de plus de 7 à 8 mètres au-dessus de ces eaux, tantôt douces, tantôt saumâtres suivant les alternatives des crues du Volga ou l'influence des vents dominants. Cette immense région des Bougors constitue un caractère spécial au littoral de la mer Caspienne et donne un exemple de la formation des steppes et du mode de comblement de cette mer intérieure.

Le Ho-Hang-Ho (*Fleuve jaune*). — Il mérite son nom à tous égards ; aussi a-t-il été souvent comparé au Nil pour le volume des eaux, leur couleur et la quantité de limon qu'il transporte. La proportion de ce limon est plus forte que ne le comporte aucun autre fleuve ; il le doit à l'érosion des rives de son cours inférieur qui traverse la région du lœss ou « terres jaunes » sorte d'argile friable en couches épaisses. La pente est de 0^m222^{mm} par kilomètre.

Avant d'atteindre les plaines qui précédaient autrefois son delta progressif, le fleuve « ingouvernable ».de 3.700 kilomètres de long serpente dans un pays plat, où il s'épanche suivant les caprices des crues, aussi on l'a nommé · *Chagrin de la Chine*. Les historiens chinois, remontant jusqu'à 800 ans avant l'ère chrétienne, mentionnent les nombreuses variations de ses embouchures ; celles-ci se seraient déplacées neuf fois et à chaque déplacement aurait été cause de calamités. Tantôt le fleuve aboutit aux rives du golfe du Pé-tchi-li, dans le province du Chan-tung, tantôt il se reporte du côté de la mer Jaune dans la province du Kiang-Tsu (1). En remontant seulement jusqu'à 1856, on voit qu'à cette époque il aboutissait au golfe du Pé-tchi-li, au lieu qu'avant il s'épanchait sur un espace de 25 kilomètres de large dans les plaines où il se creusait un autre lit. Il résulta de cette dérivation naturelle que les campagnes irriguées furent desséchées et que celles sur lesquelles les eaux débordèrent eurent leurs récoltes détruites. En 1870 une digue se rompit à Kaï-Phong, point où commencent les incertitudes du fleuve ; il prit alors la direction de la plaine de Wü-Ho et se déversa dans le lac Hong-Tsé-Hou, mêlant ses eaux avec celles du Yan-Tsé-Kiang, pour se

1) Fauvel. La province chinoise de Chantung. Bruxelles. 1892.

jeter dans la mer Jaune. Les points extrêmes où il aboutit alternativement du nord au sud sont éloignés de 500 kilomètres.

On attribue à son delta une superficie de 250.000 kilomètres.
Les traces les plus anciennes de son embouchure sont voisines
du Peï-Ho; son cours, depuis le Ho-Nam, se rapprocherait de
celui qui est indiqué dans la carte d'Anville. A une époque postérieure, au lieu de couler vers le nord, il se dirigea droit vers la

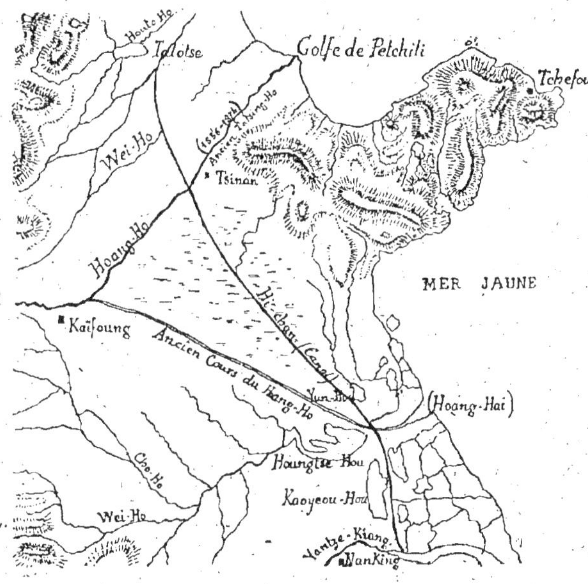

Fig. 46

Embouchures variables du Hoang-Ho.

mer, empruntant le lit d'un cours d'eau moins important, le Pi-én,
qui, d'après les anciennes dénominations locales, devait occuper
aussi le lit du Ho-Hang-Ho, depuis Khaï-Fong-Sin jusqu'à la
mer Jaune (1).

La plus terrible inondation encore présente à la mémoire est
celle de 1867. A cette époque, le fleuve, après avoir rompu ses
digues, confondit son cours avec celui du Ba-Tsin-Ho et se jeta

(1) Pijnje.

dans le golfe du Tché-Zy. En 1888, il inonda aussi toute la plaine, s'épanchant sur une longueur de 80 milles et une largeur de 35 et submergeant plusieurs provinces. Ce dernier débordement eut pour conséquence de lui faire emprunter le lit d'autres rivières et de remplir le lac Hong-Tse-Hou, que les alluvions finirent par combler.

Toutes les côtes du golfe du Pé-Chi-Li et de la mer Jaune, excepté la péninsule élevée qui sert de point de partage entre les deux deltas alternatifs, s'augmentent de bancs de boue destinés à se solidifier. Suivant les historiens chinois, il y a vingt-et-un siècles, la ville de Pon-Taï, située au bord de la mer, se trouve actuellement reléguée à 70 kilomètres dans l'intérieur. Le limon apporté par le fleuve fangeux s'étale près de ses multiples embouchures. Aussi pour atteindre les fonds de 50 mètres, il faut s'éloigner à 100 kilomètres du rivage.

Dans toute cette région aux rivages indéterminés à cause de leur décevante planimétrie, les changements se font sur des surfaces considérables. Depuis l'inondation mémorable de 1870, la plaine basse où est situé le Tien-Tsin est restée sous les eaux. Plusieurs fleuves débordés se réunissent au Peï-Ho pour se jeter dans une baie du golfe du Pé-Chi-Li, où débouchait aussi le Ho-Hang-Ho avant le changement de son cours. Le Pé-Chi-Li a été couvert d'une nappe d'eau stagnante sur une étendue de 40,000 kilomètres carrés, ayant une hauteur de 0^m50 à 1^m50 et du milieu de laquelle surgissent quelques villages bâtis sur des éminences depuis les temps les plus reculés. La submersion de cette région basse a d'abord été expliquée par la surabondance des eaux de Ho-Hang-Ho, conséquence qui semblait admissible ; mais l'examen de la disposition topographique du bassin du Peï-Ho et de ses tributaires indique qu'il est uniquement composé de terrains déboisés et de vallons dénudés, ne permettant pas aux eaux fluviales de s'imbiber dans le sol. Les pluies abondantes de l'été s'échappent par de nombreux ravins au régime torrentiel, dont quelques-uns ont un lit variable de plus de 500 mètres de large, où, aux époques de sécheresse, il ne serpente qu'un mince filet d'eau. Les pluies se précipitent vers la partie basse du bassin où le courant s'arrête ; rencontrant les marées du golfe qui sont plus élevées, il en résulte un afflux d'eau douce incapable de s'échapper vers la mer, qui inonde la prolongation du golfe dans l'intérieur (1).

Comme les cultivateurs des fertiles plaines de la Lombardie, les riverains du Ho-Hang-Ho ont été contraints d'opposer aux débordements des digues d'une disposition toute particulière. Ces digues, exécutées avec des tiges de sorgho, dont la boue comble les interstices, consistent en un système de vastes compartiments disposés en séries dépendantes ou indépendantes suivant la hauteur des eaux. Ce sont des réservoirs positifs ou négatifs, selon la nécessité de faire des sacrifices à l'élévation des crues, ou d'emmagasiner pour la saison sèche la quantité d'eau nécessaire à l'irrigation. Les digues les plus rapprochées sont distantes de trois kilomètres du lit moyen du fleuve, afin de lui abandonner l'espace suffisant. L'entretien de ce réseau de clôtures représentant une chaîne de damiers juxtaposés, occupe tous les ouvriers agricoles du pays. Pendant la guerre des Taëpings (1850) les insurgés rompirent les digues pour ruiner les cultures ; alors le fleuve, se précipitant par les brèches, inonda toutes les campagnes environnantes, peuplées de nombreux villages.

L'embouchure du Yan-Tsé-Kiang, voisine de celle du Ho-Hang-Ho, a aussi une histoire fertile en modifications ; les eaux des deux fleuves se sont souvent confondues dans leurs deltas réciproques sur la rive droite du golfe d'Hang-Tché-Han, l'un et l'autre y apportant une quantité de limon qui a été évaluée à 180 millions de mètres cubes (2) Le Yan-Tsé-Kiang s'est déversé à une époque ancienne dans le Ta-Hou, lac situé au centre de la plaine alluviale entrecoupée de marécages. Toute cette région entrecoupée de canaux, de fossés aux contours indécis, d'étangs bizarrement disséminés, rappelle sous certains côtés l'aspect de la Hollande avec ses polders ; les villages situés au milieu du labyrinthe de canaux d'irrigation et de transport ont suggéré à plusieurs voyageurs, l'idée de les comparer aux lagunes de Venise (3).

(1) Guy de Contenson, Bull. de la Soc. de Géogr., juillet 1874, et 3ᵉ trim. 1893.

(2) Grupy.

(3) Carl Ritter, *in* E. Reclus. Géogr. univ. VII.

Le Hong-Kiang. — (*Fleuve-Rouge*). — En venant reconnaître les côtes du Tonkin, le navigateur n'aperçoit que des plaines basses s'étendant à perte de vue, se confondant avec la mer et indistinctes de l'horizon. On se dirige sur un petit îlot rocheux, point de repère pour entrer dans le fleuve qui conduit à Haï-Phong; c'est la presqu'île Doson et l'îlot Hom-Dau. Après l'avoir contourné, le navire franchit la barre boueuse et pénètre dans les eaux jaunes du Hong-Kiang. En approchant de près les rives du fleuve, on distingue à peine le sol inondé par la marée et couvert d'une boue rougeâtre sur laquelle poussent quelques herbes.

Le Hong-Kiang est la grande artère fluviale du Tonkin; à 150 kilomètres de la mer, il se divise en deux bras. Les deux bras extrêmes entre lesquels s'échappent un grand nombre de bouches, s'étendent du Day jusqu'à Cat-Ba sur une largeur de 170 kilomètres représentant la base du delta et offrant la figure géométrique d'un secteur, dont le littoral serait la circonférence et le rayon la distance de cette circonférence à Hun-Hoa; sa surface est environ de 14.000 kilomètres carrés. Les nombreux bras qui s'étendent jusqu'à la mer sont tous obstrués à une certaine distance du point où la marée se fait sentir, par une barre de vase tellement molle que la quille des navires qui remontent à Haï-Phong ou à Hanoï peut sans inconvénient y tracer un sillon de plus d'un mètre de profondeur. Ces barres, vacillantes sous les deux forces antagonistes de la marée et du fleuve, se déplacent perpétuellement et présentent un obstacle très sérieux à la navigation. Elles retardent aussi l'écoulement des eaux dans la partie basse du delta, laissant le courant dépourvu de vigueur, s'épandre dans les plaines environnantes.

Tout le delta du Tonkin est très peuplé par les cultivateurs des rizières; ces terres alluviales, où l'on introduit à peu de frais les eaux nécessaires à cette industrie vitale du pays, produisent deux récoltes par an. Elles peuvent se diviser en trois catégories: celles qui, trop élevées et sèches, appartiennent à la partie supérieure du delta; elles sont utilisées pour des cultures autres que le riz; celles qui, trop inondées, ressemblent à des marécages, sont impropres à une culture quelconque; enfin celles qui, par une heureuse disposition du sol, sont irriguables

Girard, 10.

à volonté et réunissent les conditions nécessaires aux rizières.

Dans le delta, il existe un fourmillement humain travaillant

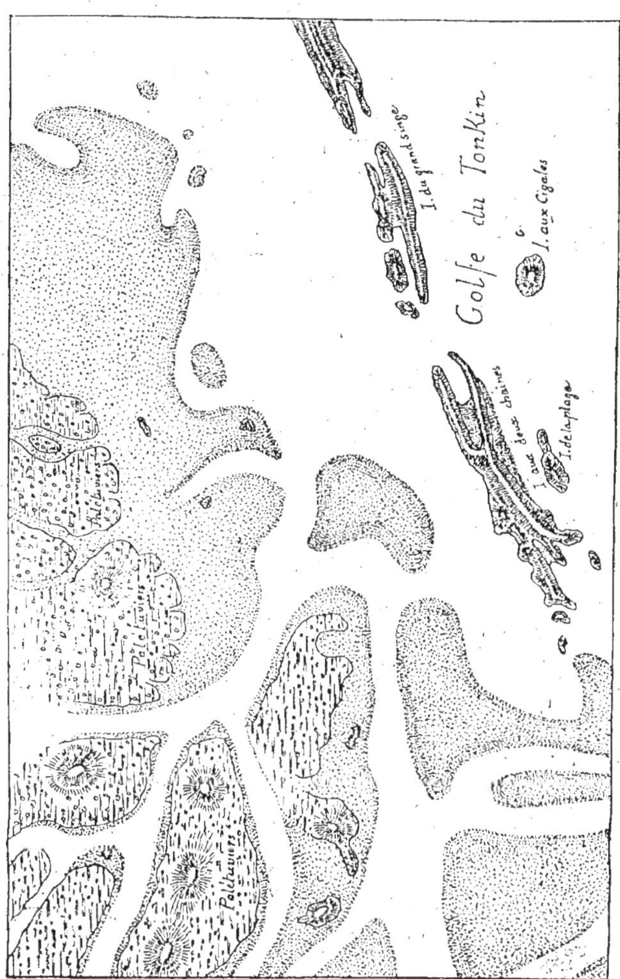

Fig. 47.

Canaux intéricurs de Ko-Kaï-Moun et Dam-Ha, dans le golfe du Tonkin (D'après la carte de la marine n° 4181).

ce sol perpétuellement généreux; on y voit une multitude de gens courbés sous leurs instruments de travail et des buffles labourant les marais, les pieds et le mufle dégoûtants de fange,

La densité de la population est de 400 habitants par kilomètre carré, tandis qu'en Belgique, le pays de l'Europe où la population est la plus dense, elle n'est que de 70 pour la même surface (1).

Le Mé-Kong. — Ce fleuve opère tout le drainage de l'Indo-Chine sur plusieurs centaines de myriamètres carrés, roulant des vases abondantes, avec un débit de 1.350 mètres cubes par seconde (2), dans une section totale de plus de 25 kilomètres pour ses différents bras. A Pnom-Peuh, capitale du Cambodge, situé à 300 kilomètres de la mer, il se divise en deux branches desquelles sortent une multitude d' « arroyos » ou canaux de second ordre couvrant tout le delta d'un réseau d'irrigation, depuis Soc-Trang au sud-ouest jusqu'à Co-Cong, au nord-est. Avant d'aboutir à la mer le Mé-Kong se réunit à un autre fleuve, le Toulé-Sap, dans une petite mer intérieure comprenant deux lacs : le Caman-Tien et le Caman-Daï; ce lac d'eau douce, autrefois plus étendu, baignait les murs de l'antique ville d'Angkor-Tom, actuellement reléguée loin de ses rives. Il sert de réservoir compensateur de l'écoulement du fleuve, comme en Egypte, le lac Mœris régularisait les crues du Nil. Le Toulé-Sap s'écoule tantôt dans les lacs, tantôt directement dans le Mékong; ceux-ci paraissent avoir communiqué directement avec la mer à une époque où ils auraient figuré sur la côte comme golfes, isolés plus tard par les dépôts du fleuve.

Le delta du Mé-Kong, occupant toute la Basse-Cochinchine, devait consister aussi en un golfe profond pénétrant au nord de la ligne passant de Rochgia au cap St-Jacques et communiquant avec la mer intérieure, qui devait s'étendre jusqu'à Pnom-Peuh (3). Les alluvions ont formé ces plaines situées entre les bras parallèles du fleuve et la mer intérieure jusqu'au cap Cambodge, point terminal du delta. Les dépôts vaseux les ont exhaussé graduellement et particulièrement sur les bords du fleuve, où le sol mieux asséché et offrant plus de résistance, est

(1) J. Renaud. Les ports du Tonkin. Bull. de la Soc. de Géogr., 3ᵉ trim. 1877.
(2) M. Delaporte.
(3) A. Petiton. Voy. dans l'Indo-Chine.

plus apte à la culture; plus il est près de la mer, plus il est
entrecoupé d'arroyos ou canaux, souvent dissimulés sous des
plantes aquatiques; l'espace compris entre les rives est rempli
de fondrières et d'étangs où les eaux séjournent après l'inondation annuelle. Dans les parties basses du delta on rencontre
des terrains paraissant solidifiés à la surface et durcis par le soleil
tropical, présentant l'aspect d'une croûte superficielle douée
d'une certaine résistance, mais reposant en réalité sur un fond
de boue semi-liquide insuffisante pour supporter le poids d'un
homme. Le voyageur inexpérimenté qui s'aventurerait sur ce
sol trompeur serait infailliblement englouti (2). Les arroyos sont
remplis de cette même boue visqueuse d'une fluidité particulière,
voisine de la densité de l'eau et cependant qui ne lui permet pas
de supporter un corps flottant.

Les deux embouchures principales du Soirap et du cap Saint-
Jacques ont une profondeur suffisante pour permettre aux plus
grands navires de remonter leurs cours jusqu'à plus de 100 kilomètres de la mer. La masse d'eau projetée par le fleuve à son
embouchure fait obstacle à la marée qu'elle ne laisse pénétrer
que pendant la période des basses eaux; mais alors elle se fait
sentir jusqu'à Pnom-Peuh, où elle est encore assez forte pour y
provoquer une dénivellation de vingt centimètres.

Le Gange et le Bramapoutre. — Les hautes marées du golfe
du Bengal affluent dans les innombrables canaux du delta des
gigantesques fleuves réunis le Gange et le Bramapoutre, inondant le Sunderbund, le plus vaste delta du monde. La Meghna,
la véritable embouchure des deux fleuves jumeaux qui baignent
l'Inde, se divise en plusieurs bras s'ouvrant dans une embouchure de cent kilomètres de largeur; elle reçoit la plus vive
impression du flot de marée, quoique la différence entre le flux
et le reflux ne soit que de quatre mètres; mais la vague du mascaret atteint, quand elle est poussée par le vent, une hauteur de
six mètres, remontant dans les canaux de l'embouchure avec
une vitesse de 25 kilomètres à l'heure, d'où il résulte un tel
tourbillon au milieu des jungles que le bruit sinistre de son

(2) Boulangier. Revue scientif. et litt., 1880.

arrivée s'entend à grande distance; il bouleverse les rives, déra-
cine les arbres, et inonde les bancs de vase échelonnés dans le
chenal.

Le marécage impénétrable de Sunderbund s'étend le long du
golfe du Bengal depuis l'Hoogly, la branche fluviale conduisant
à Calcutta, jusqu'à l'embouchure de l'Huringoto, sur une expansion de 300 kilomètres. Le fond du golfe s'accroît perpétuelle-

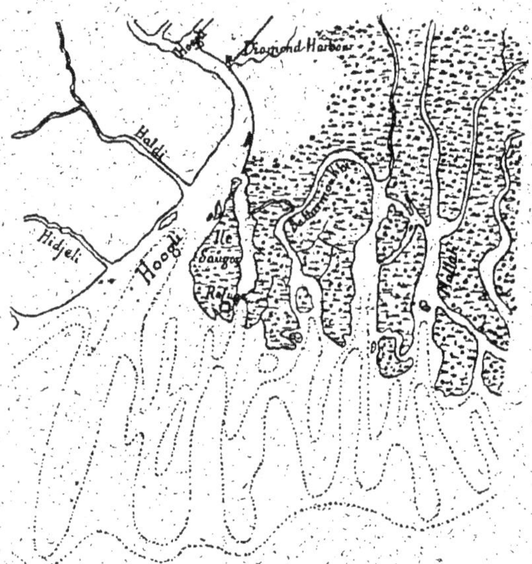

Fig. 48.
Entrée de l'Hoogly; Partie du delta du Gange.

ment par les apports des matériaux érosifs venant des deux
fleuves géants, dont les bassins réunis offrent une surface de
432.000 kilomètres carrés (1). Le Sunderbund avec son réseau
inextricable de canaux de toute dimension, perdus dans la
jungle, séjour des fauves et exhalant un air malsain, est à peu
près inconnu au point de vue topographique, autant à cause de la
difficulté d'y pénétrer, que des changements incessants dont la
partie voisine de la mer est affectée. On ne connaît que les che-

(1) Schalgintweit.

naux où la navigation est active, comme les passes de l'Hoogly ou celles qui conduisent à Khoulma, port situé à un point central d'un réseau de voies navigables.

La succession des transformations du delta comprend trois phases distinctes : Au bord de la mer flottent les vases non encore fixées, en état de décantation, semi-liquides et pâteuses; plus loin, le marécage proprement dit, où l'alluvion a déjà acquis uue consistance suffisante pour être fixée par la végétation; au plan le plus éloigné du rivage, s'étend la forêt tropicale, avec quelques places encore marécageuses, mais faisant définitivement corps avec le continent.

L'Indus. — Comme tous les cours d'eau descendant du versant de l'Himalaya, l'Indus roule des eaux troubles; elles contiennent 3 millimètres cubes de vase par mètre. Son delta commence à 150 kilomètres de la côte et occupe sur le bord même de la mer d'Arabie une distance de 200 kilomètres entre ses ramifications extrêmes. Les eaux déversées à la mer repoussées par les moussons du sud-ouest le long de la côte, séjournant dans les anfractuosités, où elles abandonnent les matières tenues en suspension; les marigots nombreux répartis sur toute la base du delta jouissent d'un calme relatif favorable au travail de décantation.

Ce réseau de canaux au débit variable suit les effets des courants fluviaux qui entraînent les sables. La ville de Kurrachee (Karatchi) la plus importante du Sind, placée aux bouches de l'Indus, a son port toujours envahi par les dépôts vaseux; il ne reste ouvert à la navigation qu'au moyen de travaux de draguages perpétuels, exécutés à grands frais pour maintenir les profondeurs reclamés par le commerce.

Contrairement à ce qui se passe pour les autres deltas, les eaux limoneuses ne se déchargent qu'après être d'abord parvenus à la mer et refoulées ensuite dans les canaux par un flot de marée atteignant une élévation maximum de trois mètres. L'intérieur du marais alluvial conserve la trace d'étiers abandonnés par la mer et comblés ensuite; il reste au milieu des palétuviers, dont le pied indique l'ancienne ligne littorale, des avenues douées d'une toute autre végétation permettant d'établir une distinction dans le mode de transformation. Les indications topographiques de l'inextricable marais tropical sont pour la plupart incorrectes au bout d'un certain temps ; d'autant plus que les indigènes modifient les noms des canaux. Ainsi les noms qu'ils ont donné à la branche principale varie suivant son importance et sa situation : elle portait un nom particulier, à une époque où elle était à peu près navigable, mais comme depuis un demi siècle elle s'est ouverte et approfondie au détriment d'autres bras ensablés, la dénomination a été modifiée (1).

Les palétuviers de l'embouchure de l'Indus jouent, comme parmi tous les deltas tropicaux, un rôle prépondérant dans l'accroissement de ces rives spongieuses. Croissant avec fécondité sur le bord des lagunes, ils laissent échapper de leur tronc des racines adventives desquelles émanent d'autres racines, le tout en un chevelu flottant au gré des vents et au caprice des eaux. Quand les circonstances le permettent, ce rhizome atteint le sol vaseux où il s'enfonce et devient un autre arbuste qui s'enchevêtre dans les ramifications de ses prédécesseurs. Toutes ces racines semblables à un échafaudage aux bras inextricables, finissent par couvrir la lagune vaseuse, en prenant possession par voie d'enracinement de la plage couverte d'un filet végétal aux mailles superposées. Avec le temps, les vides interstitiels entre les racines se comblent de déchets végétaux, au milieu desquels les boues s'accumulent. Le sol spongieux se transforme plus tard en un sol plus consistant, trop sec pour cette végétation spéciale, destinée à dépérir pour faire place aux cocotiers, aux arbustes et autres végétaux s'implantant dans ce sol conquis sur les eaux par un procédé tout différent pour la nature tropicale que pour celle des régions tempérées.

Le Mississipi. — Le delta du colossal fleuve offre un type particulier dû à des circonstances spéciales ; au lieu de s'étendre en plaine alluviale triangulaire, entourée de ramifications, il s'avance entre des digues marécageuses dans les eaux calmes du golfe du Mexique. Il pénètre d'abord dans la mer par un canal

---

(1) Richard Burton. Sind revisited.

formé de digues élevées par les boues qu'il transporte, jusqu'à la Fourche des passes. Là le chenal vaseux se divise en quatre branches principales : la passe à Loutre, celle de l'est, celle du sud et celle du sud-ouest. Ces canaux s'obstruent ou se débouchent selon le caprice des vents et des courants ; à partir de la Fourche, jusqu'au dernier pâté boueux représentant l'expression terminale de l'envasement, la distance est de 150 kilomètres. On a comparé avec juste appréciation les bouches du Mississipi à l'empreinte que représentent les doigts de la main étendue à plat.

Cette énorme puissance d'érosion est la conséquence de la surface du bassin du fleuve désigné par les Indiens sous le nom significatif de « Père des Eaux ». Elle est évaluée à 3.496.000 kilomètres carrés (1) ; son bassin recueille les eaux de la moyenne partie de l'Amérique du Nord.

Il pénètre dans le golfe du Mexique entre ces bancs de vases rougeâtres parsemés de grands roseaux, enchevêtrés

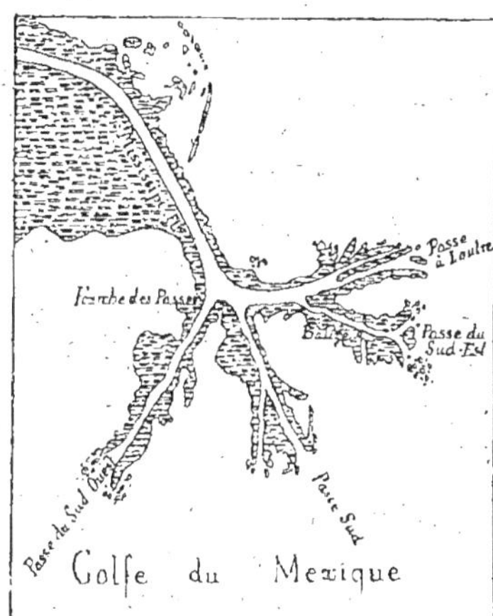

Fig. 49.
Embouchures ramifiées du Mississipi.

dans les débris végétaux. Ce sol pâteux n'a aucune consistance et aucun point n'est réellement fixe sur ces rives, où l'homme ne trouve pas assez de résistance pour supporter son propre poids. La fermeté n'est que le résultat du temps pendant lequel le sol nouvellement formé s'est égoutté et séché au soleil ; aussi les 40 derniers kilomètres de chaque passe ne sont plus liquides, mais ne sont pas encore la terre ferme. Il faut remonter à cette distance pour trouver quelques arbres chétifs et quelques graminées particulières appropriés à ce sol visqueux. Les cabanes en planches que les pilotes essayent de construire à l'entrée de la passe du sud-ouest, la plus fréquentée par la naviga-

(1) Humphrey et Abbot.

tion, s'enfoncent par leur propre poids dans la vase; elles seraient emportées par les tempêtes dissolvant encore ces rives mobiles, si l'on ne prenait la précaution de les amarrer.

Les bords limitant ces passes émergent d'une si faible hauteur au-dessus du niveau des eaux du golfe, que dans les mauvais temps les vagues bleues de la mer déferlant par-dessus, se mêlent aux eaux rougeâtres du fleuve. Lorsque du pont d'un navire on cherche des yeux les limites du chenal dans lequel on doit naviguer, la vue se perd à l'horizon, où seule la coloration de l'eau fournit à l'œil expérimenté une indication fugitive, sur la séparation insaisissable entre la limite de la mer et celle du fleuve, on semble naviguer sur un canal étrange aux bords mystérieux, au milieu d'une mer azurée.

Cette impression n'existe qu'au moment où l'on suit le chenal, car les eaux limoneuses du fleuve arrivées à l'extrémité de leur parcours ne se confondent pas immédiatement avec celles de la mer; elles subissent un état transitoire de décantation dans les eaux calmes du golfe. En vertu de leur moindre densité, elles s'étendent sur les eaux salées plus lourdes, en une nappe de faible épaisseur; si peu épaisse même, que le sillage du navire remuant les deux couches superposées, fait monter à la surface les eaux limpides de la mer; dans ce remous, la nappe se divise en plaques isolées, aux tons moirés s'effaçant graduellement et finissant par disparaître sous le mouvement d'entraînement de l'hélice.

Au milieu des passes flottent, aux périodes de crues d'immenses radeaux naturels, débris de forêts agglomérés au hasard des courants, charriés par le fleuve depuis les endroits les plus reculés jusqu'au bord même de la mer; après avoir été un objet d'effroi pour les bateaux à vapeur du Mississipi, ils viennent à l'entrée des passes où ils se couvrent de limon et finissent par s'arrêter près des berges, et là, se soudant aux amas boueux, ils facilitent l'endiguement des passes.

Sur la barre, ou près des atterrissements des rives, le navigateur rencontre avec méfiance des monticules boueux, émergeant à peine ou couronnés de quelques roseaux; ce sont les *mudlumps*. Souvent leur sommet laisse échapper des bulles de gaz mélangées à une eau limoneuse, ressemblant à un petit courant de lave expulsé par un volcan minuscule. L'origine de ces étranges monticules n'est pas attribué aux atterrissements. D'après Abbot, les produits végétaux en décomposition au fond de la mer engendrent la fermentation de gaz, qui s'échappent ainsi par des orifices coniques. D'autres auteurs leur ont attribué une origine volcanique, fait acceptable dans un pays soumis à l'action fréquente du feu souterrain. Enfin, d'après Thomassy, les muds-lumps représenteraient l'orifice de puits artésiens dont l'eau descendrait des plateaux de l'intérieur à travers les couchés sablonneuses ; explication valable aussi, puisqu'elle est basée sur la constitution géologique des bords du golfe, où il existe de nombreuses sources.

On estime la progression des bouches du Mississipi à 100 mètres par an entre les digues naturelles des passes, en partie améliorées par les travaux humains. Les digues de la rive droite de la passe du sud-ouest, qui est la plus fréquentée, ont été consolidées sur une longueur de 1.800 kilomètres et celles de la rive droite sur plus de 1.000 ; cet endiguement resserrant le courant, lui communiquant plus d'énergie, il creuse plus le chenal. Depuis 1843, le chenal est entretenu par un service permanent de draguage. Néanmoins, les jetées construites sous la direction de M. Eads, l'ont amélioré sur une longueur de 4 kilomètres, elles ouvrent dans le golfe un passage pour les navires calant 9 mètres. La partie extérieure de la digue composée d'enrochement a été plusieurs fois rompue par les tempêtes. On a planté des cyprès dans les sables et disposé des fascinages entre ces deux rangées d'arbres. La mer continuant à briser sur le revêtement extérieur, oblige chaque lame en se retirant à déposer du sable et des graviers entre les rangées de cyprès, converties en digue défiant les tempêtes. Dans certains endroits des platins vaseux se sont transformés en rivages résistants.

Les Fleuves de Sibérie. — Les fleuves qui opèrent conjointement le drainage des vastes plaines de l'Asie Centrale abordent la côte de l'Océan glacial avec les mêmes allures et en suivant une direction sensiblement parallèle. La Pétchora, l'Obi, l'Iénisséi, la Léna ont chacun un débit plus important qu'aucun autre fleuve d'Europe ; on l'évalue pour chacun d'eux à une moyenne de 10,000 mètres cubes, avec abstraction des crues de printemps, qui sont la conséquence de la fonte des neiges et des pluies abondantes des montagnes de l'Altaï et de Sayan. Pendant la saison froide, ils sont entièrement congelés à la surface sur une grande épaisseur; mais au dessous de la croûte glacée, les eaux moins abondantes, s'écoulent lentement ou se solidifient dans les diramations et les méandres où elles restent indécises.

L'embâcle dure depuis la fin de septembre jusqu'à la fin de mai: au moment du retour de la chaleur, les fleuves se gonflent et il se produit une débâcle tumultueuse ravageant tout sur son passage. Ces blocs, entraînés par la tourmente sur le fond et les rives se heurtent, s'amoncellent dans les étranglements et labourent les bas-fonds, où l'on découvre après la baisse des eaux, de grands sillons laissés comme témoignage de leur mouvement. Les grands fleuves sibériens sont encombrés sur certains points, d'énormes amas de bois flottés, tout aussi considérables que ceux qui s'entassent sur les fleuves du Nouveau-Monde. Le ministre des Voies et Communications de Russie a fait extraire en une seule année 27,000 mètres cubes de troncs d'arbres flottés et déposés sur les berges de la Beresovka, par les crues de printemps (1). Les dépôts de bois transportés jusqu'à l'arrêt final du delta, présenteraient un volume de 32,000 mètres cubes, seulement pour la distance comprise entre le confluent de l'Obi, de l'Irtisch à l'Obdorsk (2). En y ajoutant celui des bois échoués et disséminés par petits groupes sur les nombreuses îles du fleuve, on obtiendrait un volume considérable. Almqvist raconte avoir parcouru pendant vingt-quatre heures, sur une distance d'environ 11 kilomètres, les rives d'une rivière affluente de l'Oural encombrée d'arbres déracinés (3).

Ces amoncellements se font sans intermittence depuis des siècles dans les deltas de la côte septentrionale de Sibérie, où ils finissent par entrer en décomposition; les obstructions qui en résultent entrent pour une certaine partie dans les modifications des bras de ces deltas irréguliers. Barré d'un côté, le courant se reporte d'un autre; rompus au moment de la débâcle, les

(1) Ch. Rabot. C. Rend. de la Soc. de Géogr., 1890.
(2) Ibidem.
(3) Unter Wogulen und Ostraken.

barrages vont se reformer plus loin. Ces bois flottés qui ont étonné les voyageurs par leur prodigieuse abondance et leur agglomération, sont appelés par les indigènes : « bois de Noé », à cause de leur vétusté.

L'Ob (ou Obi) se jette dans l'Océan Glacial après un parcours de 800 kilomètres, par une embouchure où se rencontrent les caractères réunis d'un delta, d'un estuaire et d'un bras de mer. Le delta proprement dit précède l'estuaire, représenté par une première ouverture de 3 kilomètres de large, à laquelle fait suite un golfe de 50 kilomètres, où les marées et les vents du Nord refoulent souvent les eaux dans le sens de la longueur, retardant ainsi l'écoulement fluvial. Il en résulte un état stationnaire des eaux favorable à l'abandon des matières limoneuses et par con- séquent à la formation du delta antérieur. Les bancs entre lesquels serpentent les canaux envasés et les barres limoneuses formant l'ouverture, sont de sérieux obstacles à la navigation; celle-ci n'est du reste praticable que dans le court espace de temps où les glaces ont disparu; c'est-à-dire de la fin de mai, jusqu'au commencement d'octobre; soit pendant 153 jours en moyenne.

De tous les deltas sibériens, celui de la Léna occupe la place la plus importante, puisqu'on lui attribue une superficie de 22.000 kilomètres carrés. Le fleuve qui s'épanche dans l'Océan Glacial par un nombre infini de bras, se trouve rejeté vers l'est par le groupe montagneux de Khangalat, considéré par plu- sieurs géographes comme une île ancienne rattachée à la terre ferme par les alluvions successives de la Léna. Les sept branches principales conservent une stabilité incertaine au milieu des ramifications les plus fantaisistes, creusés à travers les maré- cages. A l'époque de la crue annuelle, accompagnée de la débâcle irrésistible, il se produit des poussées des plateaux de glaces qui enlèvent des portions du sol. A côté des bouleverse- ments accomplis par d'aussi puissants moyens, les alluvions du delta sont encore remaniées par les tempêtes, pendant lesquelles les eaux inondent les terres basses et peu consistantes des bords du delta et transportent ces éléments limoneux sur la côte sibérienne. Soumis à ces perturbations, le labyrinthe du delta de la Léna est sans cesse remanié; il a fallu renoncer à dresser la carte de ses circonvolutions fluviales, entre lesquelles on estime qu'il existe plus de mille îlots; la configuration en est tellement mobile, qu'il faudrait la relever de nouveau chaque année.

Les fleuves sibériens déversent dans l'Océan Glacial une telle quantité d'eau douce au printemps que, dans la zone littorale, l'eau de mer est moins salée de deux tiers que celle qui se trouve à grande distance; elle est aussi moins froide, puisqu'elle pro-

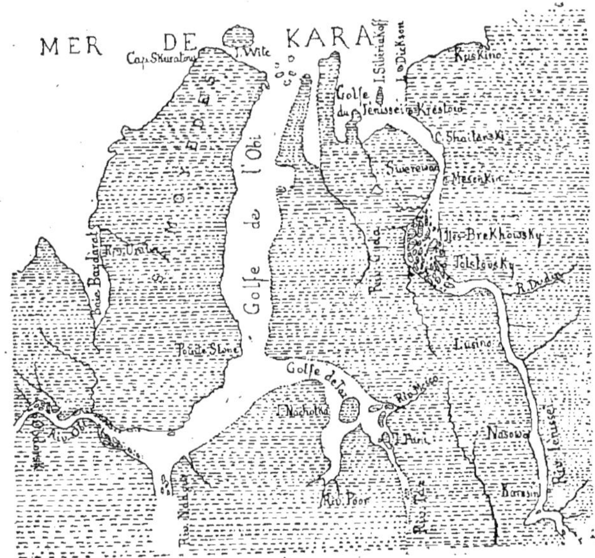

Fig. 50.
Embouchures réunies de l'Obi et de Yénissei (Sibérie septentrionale).

vient de régions relativement plus tempérées et se réunit en un courant longeant la côte dans la direction de l'est. Aussi le célèbre navigateur arctique, Nordenskjöld, mit à profit cette particularité, pour suivre ce courant exempt de glaces pendant l'été et passer de l'Océan Glacial dans l'Océan Pacifique.

Le régime des embouchures des fleuves sibériens est à peu près le même pour chacun d'eux; aussi leurs allures érosives et alluviales ont contribué à déterminer le caractère topographique spécial à tout le nord de l'Asie. Ces expansions littorales basses et planimétriques ont été progressivement augmentées par la répartition des matériaux. Les mouvements des marées étant peu importants dans les mers arctiques, la progression des deltas n'a pas été entravée et les vases amenées jusqu'à la côte ont été distribuées sur d'autres points. Il en est résulté des plages incertaines spongieuses, mais finissant par durcir pendant l'été.

Toutes ces alluvions ajoutées les unes aux autres ont créé ces plaines d'un aspect particulier : *la toundra*. Ces immenses solitudes glacées pendant une grande partie de l'année, sont parsemées jusqu'à une certaine latitude de maigres forêts de sapins ou de bouquets de bouleaux. Le sol n'y offre pas le caractère général des régions alluviales, où les couches superposées consistent en assises de sable et de limon déposées par les eaux douces ; on y a rencontré de nombreux coquillages marins mêlés à ces dépôts, laissant supposer que la toundra aurait été autrefois submergée par la mer dans quelques-unes de ses parties. Ces coquillages appartiennent tous à des types vivants et qui se retrouvent dans les bancs coquilliers post-glaciaires d'Uddevalla et du golfe de Christiania. La conséquence serait que ces plaines auraient été formées sous des influences climatologiques analogues à celles de l'époque actuelle (1).

A côté de ces renseignements, on ne saurait méconnaître les traces laissées par d'anciens méandres fluviaux à 200 kilomètres du bord de la mer et accompagnés de cordons littoraux cachés par la végétation arctique. Ces plaines ont donc été les témoins d'évolutions marines, fluviales et glaciaires, expliquées d'un côté par l'empiètement du continent au moyen du mécanisme des érosions et de l'alluvion, et de l'autre par une élévation lente du sol (2).

Le sol du nord de la Sibérie demeure perpétuellement gelé sur une zone à peu près déterminée ; les trop courtes chaleurs de l'été polaire sont insuffisantes pour exercer profondément leur influence. Creuser ce sol amalgamé de terre et de glace est impossible. La reconnaissance de la délimitation de la zone du

(1) Expédition suédoise, en 1876, ou Iénisséi. Rapp. de M. E. Nordenskjöld.
(2) Wrangell. Middendorff.

sol perpétuellement gelé a été de nouveau vérifiée pour l'établissement du chemin de fer transsibérien qui doit l'approcher sur
certains points. En 1848, Middendorff faisait passer cette délimitation par Berizov, un peu au nord de Touroukbousk, entre
Olekminsk et Vitim, où elle franchirait la Léna pour s'infléchir
vers Amginsk jusqu'à la mer d'Okhotsk. En 1882, MM. Wild,
Vaikov et Itachewskia faisaient concorder ce tracé avec celui de
l'isotherme — 2°C. Mais en admettant des divergences aux
environs de la frontière chinoise.

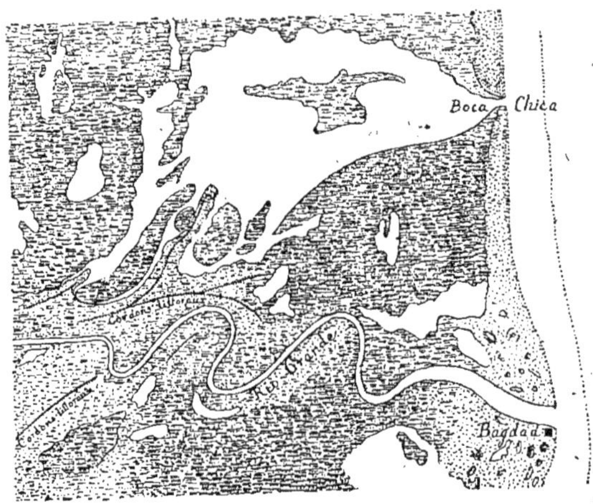

Fig. 51
Atterrissements à l'embouchure du Rio Grande (Amérique du Sud).

VI

LES ESTUAIRES

Conformation générale. — Le fleuve commence au glacier ; sous les formidables étreintes de la glace en mouvement pendant la fusion, les roches se polissent, les pierres détachées par les dégels arrondissent leurs arêtes, le sable est broyé. Il résulte de ces mouvements mécaniques une érosion intense qui se traduit à la tête du glacier par un cube de déblais considérable. L'eau échappée de toutes les crevasses de la glace entraîne avec elle les parcelles les plus ténues, suffisamment légères pour demeurer en suspension. Aussi l'eau affecte une teinte grisâtre empruntée à la boue glaciaire, qu'elle conserve jusqu'à sa décantation ou son mélange à des eaux plus limpides.

Le cours d'un fleuve peut se diviser géographiquement en trois parties : le cours supérieur, moyen et inférieur. Dans chacun d'eux les pentes sont différentes ; la partie supérieure, qui représente la zone *d'érosion*, offre les pentes les plus raides ; tous les ravins de la montagne y précipitent leurs matériaux arrachés dans la fonte des neiges ; plus bas, où le lit a une largeur uniforme, les eaux sont moins torrentielles, le courant est plus régulier, mais doué d'une force suffisante pour charrier les sables et les vases aux époques de crue ; cette partie représente la zone *intermédiaire*. Près de la mer le lit s'élargit et la profondeur diminue ; les matériaux transportés sont réduits à l'état de vase sablonneuse ; la vitesse se ralentit et les eaux de la mer y pénétrant, jouent un rôle important dans le déplacement des matériaux, qui ont jusqu'alors cheminé de proche en proche. Cette dernière

zone est celle des *dépôts*; elle est commune avec la mer et constitue l'embouchure.

Selon la situation et la conformation de l'embouchure, les
dépôts s'y opèrent de façons différentes. Si elle est battue par
la mer directement, ils sont dispersés au loin sous l'effort des
vagues et des courants; si elle est douée d'une profondeur
variable, affectant généralement la forme triangulaire ou celle

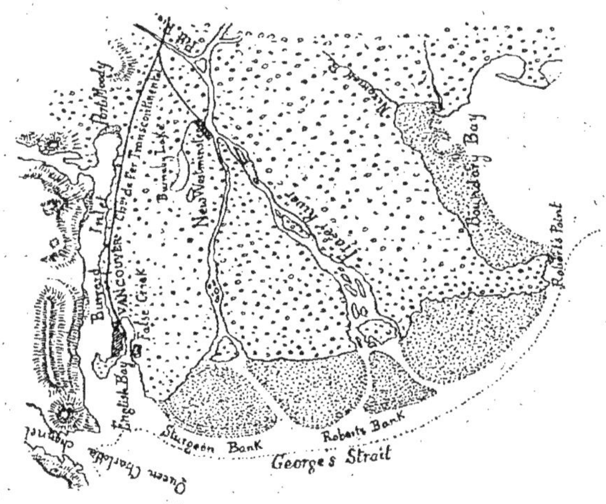

Fig. 52.

Embouchure ramifiée de la rivière Fraser (Colombie).
Type de caractère mixte du delta et de l'estuaire.

d'un entonnoir, il se forme des bancs; ces caractères constituent
l'estuaire.

Quand, au contraire, la côte est basse et que le fleuve aboutit
dans une mer sans marée, où l'eau est généralement calme, les
matériaux se déposent lentement au point où les forces du charriage demeurent impuissantes; ils s'avancent en un triangle de
déjection au milieu des lagunes et au bout des ramifications des
divers bras; la plaine alluviale ainsi créée est un delta, qu'on
pourrait qualifier aussi d'estuaire négatif.

Un estuaire n'est pas toujours proportionné au débit du

fleuve ; son régime transitoire est indépendant de son régime particulier. Les courants de marée, l'importance des crues, l'orientation par rapport aux vents dominants, sont des facteurs variables dans sa configuration géographique. Ainsi l'embouchure de la Tamise est trois fois plus vaste que celle de la Somme, quoique les deux rivières débitent à peu près le même volume d'eau. Mais dans le premier cas le mouvement des marées, contrarié par l'étranglement du Pas-de-Calais, a provoqué le remaniement des côtes voisines, au lieu que, dans le second cas, le mouvement plus régulier des eaux n'a pas été sollicité par des forces antagonistes.

Mouvements combinés des marées. — Deux forces sont en présence à l'embouchure : celle du cours d'eau et celle de la mer. La première est tantôt faible, tantôt puissante ; la seconde accidentelle et impitoyable dans sa colère. Ces deux forces opposées s'accordent dans certains moments ; mais le plus souvent résistent l'une à l'autre. Une tempête s'élève, les vagues pénètreront avec violence dans l'estuaire, bouleverseront les sables et feront refluer le fleuve ; si une forte crue survient, elle pourra se frayer un passage à travers les obstacles accumulés par les flots. La lutte est donc perpétuelle entre les deux éléments et le triomphe reste au plus énergique.

Lorsque la marée pénètre dans un estuaire, elle se propage lentement ; l'eau douce étant plus légère reste à la surface. Mais en même temps le flot s'avance comme un piston refoulant le cours du fleuve, le ralentissant ou même le faisant refluer loin de l'embouchure ; la différence de densité des deux nappes d'eau mises en présence, les divise en couches distinctes pendant leur première période de contact. L'eau salée balaye la partie inférieure et l'eau douce reste inerte pendant un certain temps, jusqu'à ce qu'elle puisse reprendre son élan vers la mer.

La connaissance réelle des changements qui s'opèrent dans les mouvements de la marée est liée à la forme des ondes pénétrant dans les embouchures. Comme celle-ci résulte le plus souvent de la configuration du bassin, la détermination varie pour chaque cas particulier. Elle correspond aussi à la profondeur, variant avec chaque hauteur de marée ; enfin l'écoulement fluvial étant variable suivant cette même hauteur, il en résulte une complication difficile à analyser.

Les oscillations des marées comportent encore un facteur important : celui de la différence de densité des couches liquides. Les observations recueillies sur la salure des eaux et leur température en toute saison, aux différentes heures de la marée, ont démontré que les courants se maintiennent dans les chenaux qui ont le plus de profondeur, ne se mélangeant pas avec les eaux voisines, stationnées sur les bancs qui retardent l'écoulement. On a aussi remarqué que dans certaines embouchures au moment de la marée, les eaux du milieu du fleuve, quand leur volume est puissant, continuent à suivre le chenal profond du milieu pour s'écouler à la mer, pendant qu'il s'établit sur les deux rives des contre-courants, qui, moins mélangés à l'eau salée, remontent en ondulant vers l'intérieur.

Le régime général de l'estuaire dépend principalement de sa configuration ; il représente dans les conditions normales leur forme triangulaire dont la base est tournée vers le large et le sommet vers le cours du fleuve ; tel est l'estuaire de la Seine.. Dans ce cas, il est largement *ouvert* à la pénétration de la marée ; le flot le remplit avec une allure régulière ; mais la quantité d'eau qui remue le fond dans l'un et l'autre sens, engendre des bancs mobiles. S'il consiste en un bassin ne communiquant avec la mer que par une ouverture étroite, par laquelle le passage de la marée est d'autant plus rapide que l'ouverture est insuffisante, la force du courant y creusera un chenal profond, avantageux pour la navigation, puisqu'il est exempt de dépôts. Un estuaire ainsi disposé est presque *fermé*. Telle est la Gironde, l'entrée du Tage, et la Mersey.

La différence de vitesse entre les couches superficielles et les couches sous-jacentes de l'onde envahissant un estuaire est d'autant plus grande, que la profondeur est plus considérable. Le flot de la marée montante attaque le lit du fleuve par le fond, labourant les sables vasards, tandis que le courant descendant, à cause du volume plus considérable de la marée haute, glisse plus rapidement à la surface que sur le fond. Ainsi s'expliquent les tourbillons de vase soulevés au moment de l'arrivée du flot vers l'amont. Tous les obstacles à l'entrée des eaux marines diminuent la force de la « chasse » destinée à provoquer un nettoyage quotidien. L'estuaire de plus en plus rétréci, à mesure qu'il s'éloigne de la mer, s'oppose à cette montée de la marée d'où il en résulte un accroissement des dépôts alluviaux. Copiant les effets du flot descendant pour expulser les vases amassées par la marée montante, les ingénieurs ont appliqué à de petits hâvres utilisés comme ports, ces mêmes procédés de nettoyage naturel. En disposant des bassins destinés à emmagasiner les eaux provenant de la marée montante, on laisse s'échapper la « retenue » au moment opportun, pour dégager l'estuaire et entrainer au large les dépôts vaseux, qui, sans cette précaution, finiraient par le combler.

Le Mascaret. — Au moment où monte la marée, une vague plus ou moins haute se précipite dans l'embouchure, refoulant

Fig. 53.

Indication du mouvement de la marée remontant le lit d'un fleuve.

l'eau qui s'écoule lentement, en brisant sur les parties basses. Ce phénomène du mascaret est commun à tous les estuaires ouvrant sur une mer soumise aux altérations de la marée. Si la vague se propage dans un chenal dont les bords sont moins profonds que le milieu, elle brisera sur les bords avec d'autant plus de force qu'elle y éprouvera du retard. Les obstacles qu'elle rencontre dans sa progression se traduisent par la convexité faisant face à l'amont, comme cela existe pour l'embouchure de la Seine, où le milieu étant plus profond, permet un refoulement plus rapide que sur les bords relevés. Cette disposition de la vague de mascaret a d'autant plus d'ampleur que la marée est plus forte. Dans l'estuaire de la Seine, elle atteignait un maximum de 7^m20^c avant les endiguements ; elle n'est que de 5^m50^c dans la Garonne et de 4^m30^c dans la Loire.

Le mascaret, prenant subitement une grande hauteur,

s'élance avec impétuosité dans le lit de la Seine ; elle s'y précipite
avec d'autant plus de vitesse que son passage coïncide avec
l'onde interférente de la marée ; bouleversant tout sur les rives,
elle est précédée de deux colonnes d'écume provenant du choc
de l'eau sur les digues ; la lame principale est suivie d'*ételles* ou
ondulations accessoires se déroulant derrière elle avec fracas.
A Caudebec, où la disposition des rives donne au phénomène
toute son ampleur, la moyenne de la vitesse est de 6 kilomètres
à l'heure. Après l'irruption, le flot reprend sa course normale et

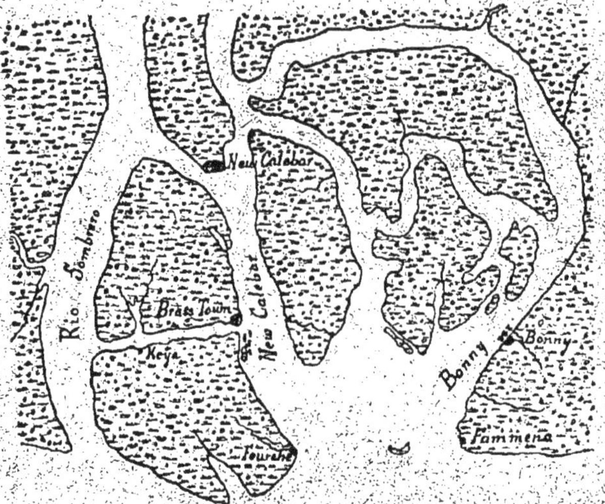

Fig. 34.
Estuaire du New-Calebar (Côte occidentale d'Afrique).

continue à s'avancer avec une vitesse moyenne sans produire de
nouvelles lames. Le mascaret ne se montre réellement qu'une
dizaine de jours dans l'année : aux fortes marées de mars et de
septembre et dans la section du fleuve comprise entre Quillebeuf et Caudebec ; il ne dure que quelques minutes et son arrivée
peut être exactement prévue.

La façon dont les eaux font irruption peut s'analyser ainsi :
Admettons que le niveau supérieur de la Seine soit horizontal
depuis la baie jusqu'au flot montant, et ensuite, que toute la

préssion se communique instantanément d'un bout à l'autre de
cette tranche inclinée; car la pente depuis Rouen jusqu'à la mer
est de 4ᵐ50. Lorsque le flot donne en plein sur ce plan incliné, il
bondit et produit des gerbes jaillissantes. La masse d'eau provenant de la marée s'écoule avec toute la rapidité dont elle est
susceptible, dans le chenal étroit de la Seine en dehors duquel
elle ne peut s'épanouir. L'eau qui coule et tend à se mettre de
niveau est instantanément remplacée par celle qui se précipite
derrière elle; de là la vitesse du mascaret dont la lame s'avance

Fig. 55.
Estuaire du Congo.

en cascade, comme une éclusée gigantesque évaluée à une
vingtaine de millions de mètres cubes.

La force du vent intervient pour une notable proportion dans
le régime des estuaires. Non seulement il influence la vague du
mascaret en favorisant la marée montante, mais encore il produit
des effets de submersion comparables à ceux qui résulteraient
d'un retard apporté dans l'écoulement des eaux douces par la
formation d'une obstruction sous-marine. Cette stagnation se
manifeste à l'embouchure de plusieurs fleuves de la côte d'Afrique, comme au Congo et au New-Calebar, où elle a un caractère
périodique; il a été expliqué par la concordance avec la mousson,
qui soufflant normalement à la côte pendant un temps déter-

miné, refoule les eaux dépourvues de vitesse dans l'intérieur de l'embouchure, en même temps qu'il se produit sur toute la côte une élévation de niveau nuisible à l'écoulement des eaux de l'intérieur.

L'importance du refoulement de la marée est proportionnelle à l'ouverture de l'embouchure et au volume des eaux; plus celle-ci est considérable, plus l'estuaire est large, plus aussi le mouvement acquiert d'amplitude. Cette lutte entre l'écoulement et la pénétration prend dans certains cas des proportions remarquables : à l'entrée du fleuve des Amazones le mascaret se produit les trois jours qui précèdent la nouvelle et la pleine lune; la mer, brisant la digue que lui opposent les eaux du fleuve, se dresse subitement, faisant refluer les eaux dans l'immense estuaire avec un bruit qui a valu à cette conflagration le nom significatif de *Prororoca*. Elle atteint toutes les ramifications du fleuve, après avoir franchi l'estuaire dans sa largeur de 280 kilomètres et se fait sentir, dit-on, jusqu'à Obidos, ville située à plus de huit cents kilomètres du rivage. A San-Domingo, à 60 kilomètres de Para, le flot passe rapidement pour atteindre San-Miguel à 80 kilomètres plus loin. Il apparaît dans ces larges bras du fleuve couronné d'une crête écumeuse qui s'avance avec rapidité, grandit, faisant entendre un bruit sourd, un ronflement comparable au roulement lointain du tonnerre, mêlé aux mugissements d'un ouragan; le flot prend la forme d'une lame immense de cinq à six mètres de hauteur, bondissant, écumant, bouleversant les rives et les terres voisines; aux endroits resserrés il s'abat, pour se relever avec fureur; des arbres séculaires sont arrachés, tordus et entraînés; souvent trois vagues se succèdent dans l'espace d'un quart d'heure, en diminuant d'intensité. On comprend alors la justesse de l'onomatopée indienne qui désigne le phénomène par les syllabes indiquant le grondement de la formidable marée (1).

L'embouchure de l'Amazone est considérée comme un estuaire ramifié, puisque la mer y pénètre et détruit les rives, tandis que l'Orénoque, situé sur la même côte, influencé par les mêmes mouvements des eaux, a un delta, au milieu duquel il s'écoule

(1) L'abbé Durand. Bull. de la Soc. de Géogr. Nov. 1871.

par de nombreux bras. Les fortes marées de printemps s'y font pourtant sentir à plus de 200 kilomètres de la mer. Mais l'île de Trinidad, placée devant l'embouchure, la protège des irruptions brusques de la marée et le golfe de Paria offre une eau calme favorable à la décantation.

L'importance du refoulement de la marée est en rapport avec les deux masses d'eau en présence; ainsi dans le Yan-Tsé-Kiang la vague du mascaret a 10 à 15 mètres de haut aux époques d'équinoxe. Pareille violence existe dans l'estuaire du Hang-Tché-Ou, où la lame s'avance avec une crête blanchie qui l'a fait comparer par les populations riveraines, à un câble tendu à travers la baie (1); cette pénétration violente repousse les eaux sur les plages voisines protégées en partie par des digues élevées à grands frais.

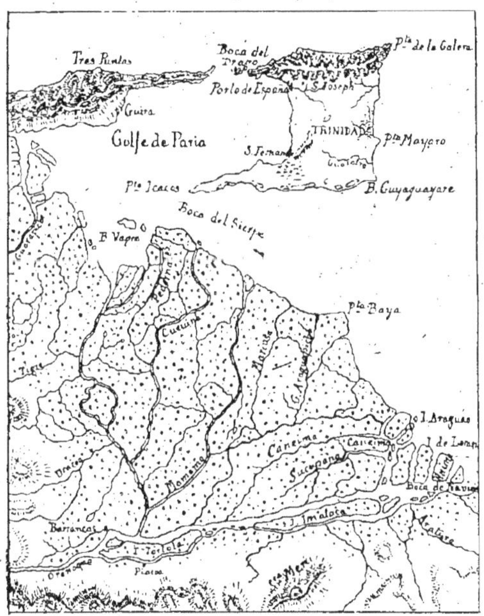

Fig. 56.
Embouchures de l'Orénoque.

Les bancs fixes et mobiles. — Un banc consiste en une plate-forme sous-marine dont le sommet est voisin de la surface; leur groupement produit les lagunes impossibles à décrire et encore plus à reporter sur une carte. Ils sont le résultat de l'érosion et

(1) Annales hydrographiques.

du mouvement des eaux. Le double effet du flux et du reflux fait avancer ou reculer les matériaux jusqu'à ce qu'ils puissent se fixer en bancs sous-marins ou en marécages. La dénomination de banc s'applique particulièrement aux fonds surélevés par voie d'amoncellement, et celle de lagunes aux agglomérations de bancs séparés par des canaux plus ou moins définis.

Le vent agit concurremment avec le courant pour mobiliser les bancs; sous l'action des vagues (Fig. 56), le sable S est chassé et tend à s'accumuler en S'; puis il retombe dans le courant, qui le rejette en B, où il forme un banc ou barre d'où il est repris pour s'étaler sur la plage S".

L'estuaire devient pour le cours d'eau débouchant dans la mer, un bassin intermédiaire destiné à l'échange des eaux; ce n'est pas la mer et ce n'est plus la rivière. A mesure qu'un cours d'eau se rapproche de son embouchure, sa vitesse diminuant, elle permet aux sables fins, maintenus jusque-là en suspension, de se disposer sur le fond. Mais le flot de marée pénétrant dans l'estuaire, attaque le fond, remue les sables, tandis que le courant descendant, retardé par le volume plus considérable de la marée, glisse plus rapidement à la surface. Il en résulte des tourbillons de vase délayée, soulevés au moment de l'arrivée du flot

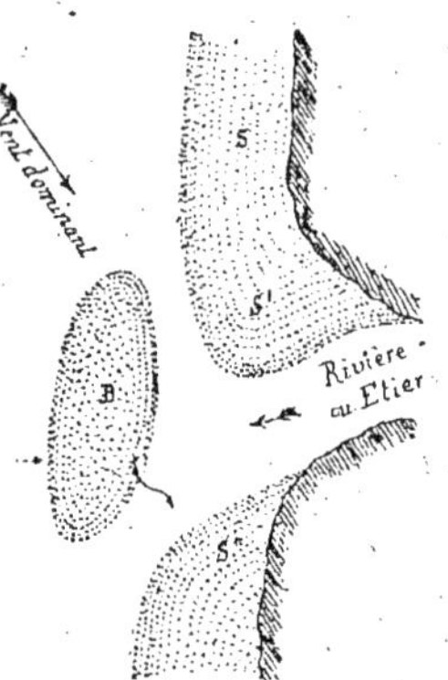

Fig. 57.

Indication du mouvement des sables littoraux près d'une embouchure, sous l'influence d'un vent oblique.

vers l'amont. Tous les obstacles à l'entrée des eaux marines diminuent la force de la « chasse » pourvoyant au nettoyage quotidien; tout ce qui favorise leur arrivée directe augmente l'impulsion. Or, l'estuaire étant de plus en plus rétréci à mesure qu'il s'éloigne de la mer, il s'oppose à cette montée de marée, ce qui provoque un accroissement des bancs. Pendant cette montée, les matériaux se distribuent suivant leur densité; les plus lourds s'agglomèrent en bancs fixes ou mobiles, se localisant dans la partie moyenne du bassin; les plus légers sont emportés au large; et les sables sont poussés de proche en proche sur la côte où ils s'accumulent en bancs et en chaînes de dunes.

Dans tous ces mouvements les particules les moins pesantes ne forment pas de dépôts persistants, tant que la vitesse du courant est au-dessus d'un kilomètre à l'heure. Les gros graviers sont roulés jusqu'à ce qu'un premier obstacle arrête leur progression ; là, ils deviennent le noyau d'un banc, sorte de rempart à l'abri duquel des particules plus ténues viendront s'agglomérer, pendant que les courants, plus libres de s'échapper de part et d'autre, traceront des chenaux de circulation entre les remplissages du fond.

Le tournoiement des eaux amasse les sables qu'un autre mouvement détruit ; le fait a été démontré par M. Labat, ingénieur maritime à Bordeaux, d'après cet exemple : un navire coulé à pic à la suite d'un abordage en rade du Verdon, à l'embouchure de la Gironde, était resté posé régulièrement sur le fond, les mâts émergeant encore. Visité par les experts d'une Compagnie d'assurances, chargés de déterminer les conditions du renflouement, il fut reconnu que la coque était ensevelie dans les sables accumulés, et qu'elle reposait au centre d'une sorte de dune sous-marine due aux effets des remous des courants. Les experts jugèrent que le sauvetage du navire enlisé était impraticable. Peu de temps après, M. Labat visita de nouveau la position de l'épave et acquit la certitude, au moyen de nouveaux sondages, que les amas de sable n'existaient plus à l'avant, ni à l'arrière ; le navire reposait sur le sommet d'un monticule, de sorte qu'en passant des câbles sous l'avant et sous l'arrière, on réussit à le renflouer. Les changements constatés dans la situation provenaient simplement de ce que les premiers sondages avaient été faits à la fin du jusant et les derniers à la fin du flot. Une série de mesures permit enfin de conclure que dans l'intervalle d'une marée à l'autre, le navire coulé était alternativement enseveli par le flot et dégagé par le jusant.

La Gironde est encombrée de bancs allongés dans le sens des courants, non seulement à l'entrée, mais aussi entre Pauillac et le Bec d'Ambez. D'après M. Hautreux, qui a dressé ses états hydrographiques de 1812 à 1890, on peut suivre l'allongement

progressif de ces bancs et particulièrement de « la Mauvaise, »
vaste platin appuyé d'un côté sur la pointe de Graves et de
l'autre sur le récif même de Cordoman ; il s'est agrandi lentement ; il dépasse la pointe de la Coubre, tendant à envelopper
le golfe extérieur, pour devenir plus tard une nouvelle terre destinée à changer l'entrée de l'estuaire.

La Loire est pareillement remplie de ces bancs sans cesse
allongés et déplacés ; elle reçoit un cube considérable de matériaux arrachés aux pentes dénudées du plateau central. Cette
avalanche boueuse et sablonneuse est amenée par les inondations
jusqu'à l'estuaire : une partie est entraînée au large ; une autre
s'arrête entre Nantes et Saint-Nazaire, en exhaussant successivement le lit du fleuve. Il se dépose ainsi en soixante ans
43 millions de mètres cubes de vase sablonneuse, ce qui est un
chiffre supérieur de moitié à celui qui a été extrait pour le percement de l'isthme de Suez (1). Non-seulement le chenal diminue,
mais les seuils descendent en aval de Saint-Nazaire. Quoique la
Loire ne reçoive pas d'apport de la mer, elle s'obstrue rapidement par les bancs allongés au milieu desquels se poursuit le
chenal. Devant l'ensablement progressif de la Basse-Loire on a
creusé un canal latéral permettant aux navires de fort tonnage
de remonter jusqu'à Nantes.

La barre. — Lorsqu'un fleuve quitte son lit pour se jeter dans
la mer, il est sollicité par des forces diverses et des mouvements
antagonistes : d'une part le courant apporte ses alluvions, et, de
l'autre, l'effort mécanique de la houle est combiné quelquefois
avec celui des courants littoraux venant s'amortir sur les fonds.
De l'état de l'équilibre de ces deux forces perpétuellement en lutte
et portant leur action sur les matériaux déposés à l'embouchure,
résulte une accumulation de vases et de boues, représentant
une barrière pour la navigation, d'où le nom de *barre*.

Les actions dynamiques combinées sous les efforts desquels
elle se forme, sont complexes et variables ; le courant, faible pendant la période de sécheresse, devient violent pendant les crues
d'hiver et, d'ailleurs, l'état de la mer dépend aussi des vents

(1) M. Bouquet de la Grye.

régnants. Sous ces influences plus ou moins équilibrées, la barre se modifie incessamment et les matériaux qui les composent sont perpétuellement en mouvement; elle avance ou recule, selon la prédominance du courant fluvial ou de la houle.

A l'extrémité des grands fleuves qui se jettent dans une mer où le marnage de la marée est faible, la barre s'étend sur une grande largeur et se compose généralement de vase molle, dans laquelle la quille des navires forçant la passe, peut sans inconvénient, pénétrer d'une certaine épaisseur. On voit alors dans les remous du sillage, s'élever un nuage boueux; si la barre est attaquée trop profondément, comme le ferait le soc d'une charrue, l'élan du navire est retardé et les particules épaisses remontent à la surface. Si le degré de pénétration est trop fort, les vases s'accumulent autour de la coque; le navire se creuse une souille, sous les efforts des courants, et risque de rester enlisé. Ce genre d'échouage comparé à une absorption, n'est réellement qu'un effet mécanique de l'évolution de l'eau autour d'un obstacle pesant, immergé dans un élément de densité différente.

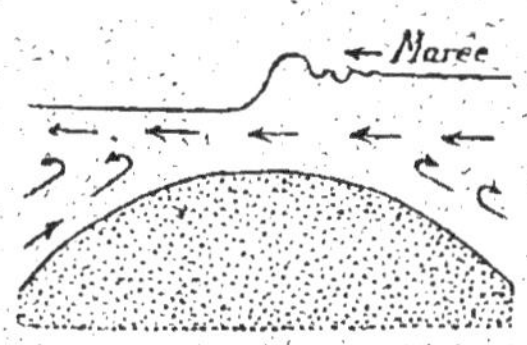

Fig. 58.

Indication du mouvement de la marée sur une barre.

La barre existe à toutes les embouchures; car le fleuve apporte et la mer n'emporte pas; les vents agissant dans la direction de l'écoulement n'ont d'autres conséquences, que de niveler les couches de vase; s'ils sont contraires à cette direction, ils repoussent dans l'embouchure une partie des apports qu'une crue repoussera encore à la mer.

Les dragages opérés à l'entrée d'un chenal pour enlever la barre boueuse ont été reconnus inutiles; la cavité creusée sous l'eau dans la vase molle a des berges trop peu consistantes pour se maintenir; les vagues remplissent rapidement les excavations, comme elles le feraient sur une plage sablonneuse où l'on a creusé des trous à marée basse. Dans un coup de vent des milliers de mètres cubes sont mis en mouvement, les chenaux sont déplacés et les passages obstrués par l'uniformité de répartition des matériaux. Les dragages n'obtiennent de résultats sérieux que dans le cas d'enlèvement d'un seuil composé de matériaux inattaquables par les courants. Avec une vase fluide, non seulement ils seraient à renouveler sans cesse, parce qu'il existe une relation plus ou moins déterminée entre la vitesse des eaux sur le fond et la résistance du limon qui le garnit. Avec l'accélération de cette vitesse de translation, les matériaux qui n'auraient pas été remués antérieurement finiraient par être affouillés et se mettraient en mouvement; avec le ralentissement, ils seraient emportés par le courant sur les bancs voisins qui s'exhausseraient.

On sait par expérience que le fond d'un chenal s'exhausse dans les endroits où le courant est faible et qu'au contraire, il se creuse s'il est rapide. Ces mouvements résultent du débit du fleuve qui est inconstant à l'embouchure, le fond étant sujet à de profonds changements. On doit chercher des moyens autres que les dragages pour dégager un chenal, tels sont les épis, les digues dont les effets étant de rétrécir le passage de l'eau, augmente la vitesse destinée à opérer les déblais. Cependant les jetées pleines en diguant un courant pour le conduire au large, n'ont jamais réussi qu'à reporter la barre plus loin; ces jetées opposent souvent un obstacle à la translation des sables poussés par le courant qui longe la plage au moment de la marée montante. Les jetées à claire-voie ont été avantageuses dans certains cas, car elles laissent passer ce courant, opérant une sorte de filtrage au milieu des remous que provoquent les pilotis. Les accumulations à l'entrée de la passe sont moins abondantes; mais il peut survenir des tempêtes amenant des masses de sable. On a aussi construit des jetées courbes, imitant ainsi l'œuvre de la nature dans les endiguements littoraux; si un courant débouche sur une plage sablonneuse peu inclinée dans une mer sans marée, il finit par construire une sorte de digue dont la convexité est tournée du côté du vent dominant ou du courant. Cet épi protège la pénétration du cours d'eau dans la mer, en opposant une déviation aux forces faisant obstacle; mais ce sont aussi ces mêmes forces qui ont élevé la digue sur une ligne d'inertie, déterminée par la rencontre du courant sortant de l'embouchure et celui du littoral.

L'expression de barre ne correspond pas toujours à un amas ressemblant à une digue; son étendue parfois considérable se rapproche d'un banc prolongé. La barre du Fleuve Rouge (Hong-

Kiang) consiste en une étendue des vases stagnantes ayant plus de 10 kilomètres de large, sur une profondeur de 2ᵐ50. Elle est reconnaissable de loin au mouvement tourmenté des eaux et à leur coloration. L'embouchure de Yan-Tsé-Kiang est pareillement précédée d'un banc boueux ; le fleuve roule 22 millions de mètres cubes par seconde et porte annuellement 192 millions de mètres cubes de vases à la mer (1). Les changements dans les chenaux de la barre sont si rapides, qu'un navire qui a passé librement à la montée, peut s'échouer au même endroit cinq ou six jours après. Le flot de boue qu'il roule devant lui se déposant irrégulièrement dès que la force des courants diminue, il en résulte des changements perpétuels. Il existe dans le chenal de Salamis, le plus fréquenté, des sillons transversaux que les sondages sont impuissants à repérer et qui sont souvent funestes à la navigation (2).

La barre est un fait hydrographique inévitable qui affecte toute embouchure ou goulet, dans lequel la mer pénètre irrégulièrement. Elle sépare les fleuves de la mer ; aussi de tout temps on a cherché à la corriger ou à tourner la difficulté en creusant un canal, comme le canal Saint-Louis pour le Rhône, le canal de la Basse-Loire pour la Loire, le canal de Tancarville pour la Seine. Les circonstances ne se prêtent pas toujours à cette rectification ; à l'embouchure de la Meuse, dans l'Escaut, on a été contraint à corriger les passes par des draguages successifs ; à l'entrée de l'Adour on a construit des jetées courbes amortissant le choc des lames et du courant ; dans la Gironde, dans la Loire, on a balisé le chenal.

Le régime des embouchures se reproduit à l'ouverture de tous les bassins communiquant directement avec la mer, où l'entrée et la sortie des eaux exerce des remous sur le fond. A l'entrée de l'immense baie de San-Francisco se trouve un banc de sable, au-dessus duquel le chenal navigable varie suivant les saisons. De même le bassin d'Arcachon est oblitéré par des bancs de sable placés devant l'ouverture du cordon littoral ; ce bassin, dont la superficie est de 700 hectares, déverse à la mer 400 millons de mètres cubes par marée ; il résulte de l'échange

(1) Grupy.
(2) Ann. Hydrog., 2ᵉ série, 1891.

de ces eaux avec celles de l'Océan un déplacement des fonds mobiles, remués perpétuellement par la houle et le courant de ces passes ; aussi l'ouverture dans la chaîne des dunes aux abords du cap Ferret a toujours été reporté tantôt d'un côté, tantôt d'un autre.

Embouchures fermées. — Le « heurt » des fortes vagues de l'Océan contre l'embouchure d'un faible cours d'eau s'écoulant sur une grève de galets, aboutit à la formation d'un bourrelet atteignant la hauteur des vagues de tempête. Ainsi les petits cours d'eau qui, après avoir arrosé les vallons de la Normandie, débouchent directement dans la Manche, sont arrêtés par le bourrelet de la plage ; il en résulte que leur écoulement est arrêté

Fig. 59.
Embouchure du fleuve Sénégal, dans les lagunes littorales de la côte occidentale d'Afrique.

à l'endroit où serait situé l'estuaire. Le bourrelet de galets a l'avantage de préserver la vallée contre l'irruption des hautes marées ; la mer a circonscrit son domaine ; mais elle fait obstacle à l'écoulement des eaux continentales. Pour franchir la digue élevée à l'entrée du vallon, on a pratiqué à travers une canalisation munie de vannes laissant échapper les eaux douces à marée basse et empêchant la mer d'entrée à marée haute. Quelquefois l'exutoire se trouvant obstrué après une tempête, exige des réparations immédiates.

La houle qui, sur la côte d'Afrique, se transforme en ressac en abordant la plage, a édifié des cordons littoraux infranchissables aux eaux venant de l'intérieur ; celles-ci se répandent dans un lagon intérieur parallèle à la plage faisant office de bassin compensateur. Le Sénégal qui, en se rapprochant de son embou-

chure, n'a plus que 3 millimètres de pente par kilomètre, est
barré de cette façon par une digue de sable ; il se rapproche
obliquement du lagon, y fusionne ses eaux et ne s'échappe que
par une passe à ouverture variable, parsemée de bancs mobiles,
soumis aux efforts combinés des crues fluviales et de la houle.

La passe se trouvait, il y a cinquante ans, à 20 kilomètres plus au sud de la ville de Saint-Louis, tandis qu'aujourd'hui, elle tend à se rapprocher ; creusée sur un point, fermée sur un autre, elle n'est franchissable que pour les navires pourvus de pilotes expérimentés.

Un estuaire modifie quelquefois directement sa propre ouverture par les dépôts successifs. Tel est l'exemple de l'estuaire de la Foyle, qui se jette dans la mer au nord de l'Irlande. Les sables qui suivent la côte, s'étant réunis à ceux qui suivent la rive droite de l'estuaire, ont formé un triangle à la pointe Marguilligan. Il en est résulté un goulet rétréci, où le chenal reste toujours profond à cause des courants ; il n'y a pas de barre extérieure ; elle

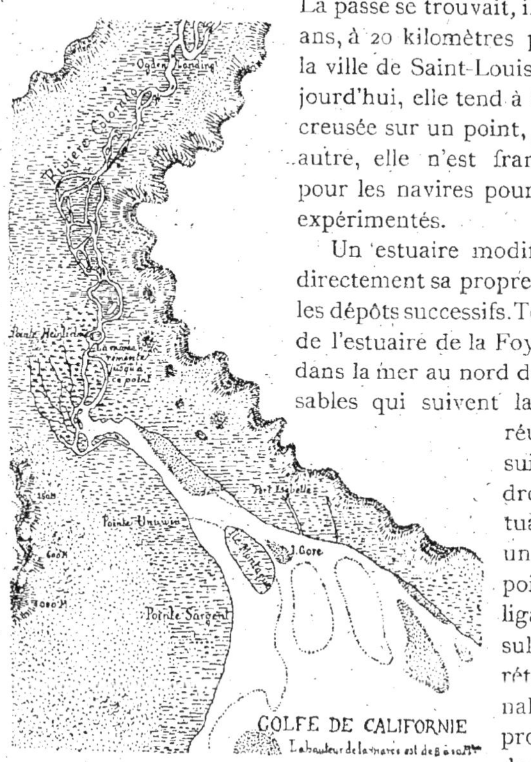

Fig. 60.
Embouchure du Rio Colardo (États-Unis d'Amérique).

n'existe qu'au fond de la baie à 18 kilomètres du goulet. Le jour
où les courants du goulet s'amoindriront, l'estuaire se comblerait
définitivement.

Le manque d'écoulement entraîne, dans certaines circonstances, une inondation étendue, comme celle qui eut lieu dans le

désert du Colorado, dont il changea la physionomie. Une partie
du bassin inférieur du Rio Colorado présente un bas-fond d'une
superficie de 7.500 kilomètres carrés, sorte de Sahara ou étendue
de sable d'une planimétrie absolue. En juin 1892, le sable aride
et brûlant de la région dite : la vallée de la Mort, commence à
s'humecter aux environs de Salton, où l'on exploite le sel gemme
et la soude qui imprègnent le sol. Peu après, une vaste nappe
d'eau envahissait le désert avec lenteur, comme une marée
refluente ; puis les plaines furent insensiblement submergées
et leur climat si sec fut changé.

Le Major Powell, directeur du service géologique des États-
Unis, attribua ce phénomène à l'infiltration des eaux du Rio
Colorado, dont l'embouchure fut obstruée par des bancs de
sable, que ce fleuve charrie en quantité proportionnellement
supérieure à celles que le Mississipi déverse dans le golfe du
Mexique. En outre, la marée s'élevant à une hauteur de 8 à
10 mètres au fond du golfe de Californie, est souvent refoulée
dans l'embouchure. Par ce fait, l'estuaire se trouve fermé ; il
en résulte une formation de barre préjudiciable à l'écoulement
régulier du fleuve, qui déborde dans les plaines basses où
serpentent ses méandres capricieux. Cette irruption des eaux
s'est produite antérieurement ; mais lorsque les conditions nui-
sibles à l'écoulement ont disparu, le niveau des eaux d'inondation a rapidement baissé et le désert a repris sa physionomie
première.

Ailleurs les apports incessants de sables finissent tellement
par modifier une côte qu'un port de mer peut se trouver relégué
dans l'intérieur des terres ; ainsi à Bou-Chater, du haut de la
colline où se trouvait l'emplacement d'Utique (Tunisie), on peut
se rendre compte de l'importance des atterrissements de la
Medjerda (Fig. 61) ; on distingue à peine à l'horizon la mer qui
autrefois baignait les murs de la ville (1). L'embouchure du fleuve
torrentiel tombait autrefois dans une lagune près du cap Farine ;
aujourd'hui elle arrive directement à la côte au milieu d'atterrissements et de marécages.

Il existe en Hollande à Katwyk une embouchure du Rhin,

____

(1) B. Wyse. Bulletin de la Société de Géographie, mai 1874.

dite le Vieux-Rhin, dont la majeure partie des eaux est dispersée sous des noms divers dans les sables ; une certaine quantité ne parvient à s'écouler à la mer, dont le niveau des hautes marées est de 3^{m}20 supérieur à celui du canal, qu'au moyen d'un système d'écluses qu'on ouvre à marée basse et qu'on ferme à marée haute. La stagnation des eaux à un niveau inférieur à celui de la mer n'a pas encore eu d'autre explication que celle d'un affaissement du sol des Pays-Bas sur tout son littoral.

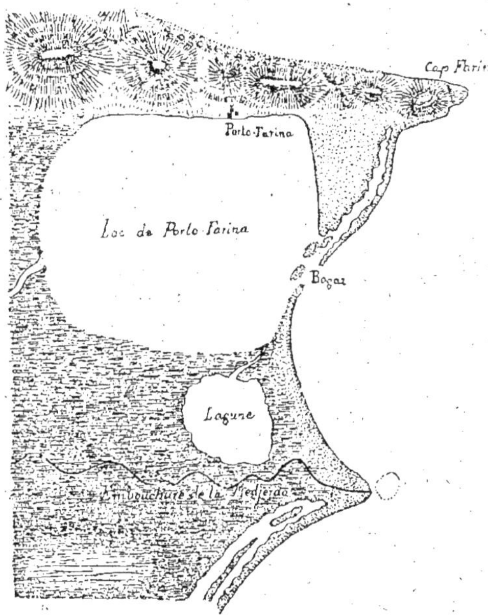

Fig. 61.

Atterrissements et transformations littorales à l'embouchure de la Medjerda (Côte de Tunisie).

La fermeture de l'estuaire de l'Adour par les sables a eu lieu en 1360 à la suite d'une tempête, après laquelle les eaux se répandirent vers le nord dans les vallons des dunes, sur une longueur de trente kilomètres le long du bord de la mer ; l'Adour s'ouvrit une autre entrée au Vieux-Boucau, où antérieurement il avait eu son embouchure. En 1759 on approfondit le chenal de l'ancien lit et le fleuve se jeta de nouveau dans la mer au point où il est actuellement.

La mer brise toujours sur cette barre incorrigible ; les lames de fond viennent du large et se relèvent en arrivant sur l'accore du banc de sable. « Jusqu'à dix milles des côtes les lames sont d'autant plus courtes, plus évitées, qu'on est au nord, d'autant plus allongées qu'on approche de l'Espagne ; mais en revanche, près de terre, sur les hauts fonds, elles deviennent terribles dans ces derniers parages. La grande profondeur de la mer y permet la propagation, l'arrivée sans frottement sensible sous forme de lames de fond à petite élévation et à grande masse des mouvements produits à des distances énormes. Biarritz et la barre de Bayonne ressentent pour ainsi dire tout ce qui se passe dans l'Atlantique » (1).

Evolutions successives de la baie de la Seine. — L'estuaire de la Seine est un de ceux qui ont été le plus l'objet de l'étude et de la sollicitude des ingénieurs; bouleversé par les courants il a subi de nombreuses vicissitudes depuis l'antiquité, si l'on juge d'après quelques renseignements historiques. Lillebonne était une ville importante sous la domination romaine; elle se trouve actuellement à 3 kilomètres de la laisse de haute mer de vive eau. A cette époque, l'espace compris entre le cap de la Roque et la pointe de Quillebeuf, ce qu'on appelle aujourd'hui : le marais Vernier, devait former une baie plus ou moins profonde parsemée de bancs. Henri IV y fit exécuter des travaux d'assainissement pour combattre les fièvres paludéennes qu'il engendrait. Honfleur était au XVe siècle le port militaire de la Seine; la Lézarde avait son embouchure dans l'estuaire à la sortie de ce pont. Depuis près de 400 ans la pointe du Hoc a remonté dans l'embouchure de 1.500 mètres (2).

Les fouilles exécutées sur les rives de l'estuaire ont démontré qu'aux temps préhistoriques il était plus vaste et qu'il a été successivement réduit par les alluvions. La plaine qui s'étend entre Sainte-Adresse et Harfleur sur une longueur de trois kilomètres du Nord au Sud et de dix kilomètres de l'Est à l'Ouest, est maintenant au-dessus des hautes marées, quoiqu'elle présente par places des parties basses et des relèvements du sol. A l'est du Hâvre elle a conservé le nom de plaine de l'Eure (3). Toute son étendue est revêtue d'une mince couche accidentelle

(1) M. Bouquet de la Grye. Pilote de côtes de France n° 464.
(2) Ant. Passy. Descrip. géol. de la Seine-Inférieure.
(3) *Ora* rivage ou *heurt*, de heurter.

de remblais, sous laquelle se trouve un banc de tourbe ayant environ deux mètres d'epaisseur; cette couche méconnue homogène et pure dans toute sa masse, a été découverte en 1875 dans les tranchées creusées rue Demidoff (1). On a rencontré en creusant le bassin des docks, dans le bassin Vauban et dans celui de l'Eure, la même couche de tourbe avec des débris de bois et même des arbres couchés réduits en tronçons. Ce banc, qui a ses affleurements à la laisse de basse mer, contenait des pierres taillées, des silex, des haches de pierre polie, des meules romaines, des débris d'embarcations, réunis aux vestiges de stations romaines et saxonnes.

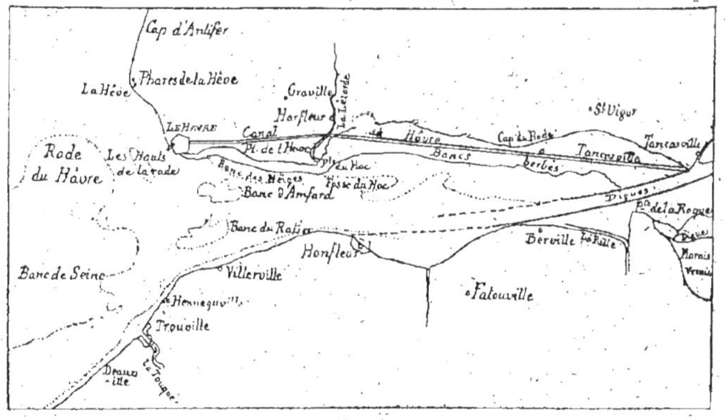

Fig. 62

Estuaire de la Seine.

La baie de la Seine reçoit obliquement le mouvement de translation provenant de l'Océan, un exhaussement se produit au moment où les eaux s'épanchent sur le plan inférieur représenté par la baie; elles se divisent en deux branches; l'une s'étend sur la côte du pays de Caux, dans la direction du cap d'Antifer, et l'autre descend vers le Hâvre; à ce moment, la surface de la baie représente un plan incliné où elle va s'épancher. Au bout de quelques instants les ondulations s'élèvent sur les larges grèves laissées à découvert et tourbillonnent sur les bancs.

Si les bouleversements sont violents au moment de la

(1) L. Charles-Quint. Le Hâvre avant l'histoire. 1879.

marée haute, souvent favorisée par le vent d'ouest, le champ de divagation des eaux à marée basse est relativement peu étendu au milieu des méandres. Si le courant contourne une rive, il y laisse des flèches de sable, établissant une contre partie du côté opposé, d'où il résulte un coude, qui détruit l'équilibre du mouvement général des eaux. Le désordre augmente alors rapidement par l'affouillement des courants dérivés et il se produit une « poche de flot », où les eaux se précipitent, abandonnant une partie de leur ancien parcours et le chenal s'obstruant bientôt en devient sinueux et tourmenté ; les échouages sont à redouter (1).

Il a été déposé dans la baie, d'après M. Estignard, de 1834 à 1863 un volume d'alluvion de 25 millions de mètres cubes ; ce qui donne environ un million de mètres cubes par an (2). Ces matériaux épars sur les bancs mobiles sont souvent tellement déplacés en une marée favorisée par le vent, que le chenal change du nord au sud.

Parmi les bancs fixes se trouvent les bancs du Ratier et d'Amfard. Le premier découvre entièrement à marée basse et laisse voir un amas de galets reposant sur une protubérance de la couche d'argile kimméridienne tapissant le sous-sol de toute la baie ; la haute mer couvre ce banc de 4 m. 20 c. Le banc d'Amfard, uniquement composé de ces argiles, est peu étendu et n'affleure seulement qu'aux basses mers d'équinoxe : il se termine du côté du large par une brusque inflexion qu'on nomme la Gambe d'Amfard, écueil dangereux sur lequel la mer brise furieusement dans les coups de vent.

« Les bancs mobiles consistent en sables entièrement fixes mélangés d'une portion variable de vase tantôt lourde, tantôt ténue ; dans les basses mers ils découvrent sur des étendues considérables remplissant l'estuaire. Les matériaux qui les composent proviennent des côtes voisines et principalement des falaises entre Antifer et le Hâvre. Le fleuve se fraye un passage tantôt simple, tantôt multiple ; le chenal unique correspond à une situation normale et durable ; la coexistance

(1) Rapp. de M. Dormoy, Chef du Pilotage de la Seine. Ann. Hydrog. 2ᵉ série 11, 12 ; 1889-1890.
(2) Rapp. sur les reconn. hydrog. de 1875 à l'emb. de la Seine.

de plusieurs chenaux, fait tendant à devenir rare, implique un
état provisoire dont l'obstruction de toutes les issues au profit
d'une seule, parait être la solution inévitablement prochaine » (1).

Il importait d'assurer la navigation de l'estuaire au milieu de
ces perturbations. Les travaux d'endiguement furent commencés
en 1848; ils atteignirent Quillebeuf en 1851. Avant la construction
des digues submersibles le chenal était incessamment variable,
divaguant dans une section de 1200 à 1400 mètres de largeur et
changeant de place, presque à chaque marée; sa largeur fut
ramenée à 300 mètres, et, derrière les digues, les alluvions for-
mèrent d'immenses prairies. On obtint ainsi une profondeur de
$7^m 50$ en vive eau. Le succès paraissait complet dès les premiers
moments; on prolongea les digues jusqu'à la pointe de la Roque
en transformant ainsi le Marais Vernier en prairies moins humides;
en 1867, les digues atteignaient Berville-sur-Mer. Partout le
chenal avait été fixé, approfondi, et la navigation de la Seine ne
paraissait plus rencontrer d'autre obstacle que les bancs de
l'embouchure étroitement liés avec les ensablements des passes
du Havre et la formation de la barre, reportée plus loin par les
travaux d'endiguement.

Avant le commencement des travaux, la barre primitive était
placée entre Villequier et Aizier, à l'endroit connu sous le nom
de « traverse de Villequier », sur ce banc il y avait $0^m 40$ d'eau et
l'on trouvait sur les grandes surfaces vaseuses entre ce point et
Rouen de $0^m 10$ à $0^m 12$ d'eau (2). De 1842 à 1847 la navigation était
devenue dangereuse; dans cet espace de temps 184 navires étaient
échoués sur cette traverse. Après la construction des digues, la
masse d'eau passant par le chenal gagna en profondeur ce qu'elle
perdit en largeur. De $0^m 40$, elle atteignit 5, 6 et même 7 mètres,
mais le rétrécissement produisit un autre effet : la barre qui
existait à la traverse de Villequier fut rejetée à l'extrémité des
digues entre le fanal de Courval et Quillebeuf; en 1851, on procéda
à une autre section de digue de 600 mètres atteignant Port-
Jérome; mais encore la barre se reforma à l'extrémité de la
nouvelle section de digues entre Quillebeuf et Tancarville. D'autres
jetées successives furent ajoutées et toujours en prolongeant le

(1) Rapp. de M. Dormoy, *loc. cit.*
(2) Eug. Coulon. *Études sur la Seine.* 1882.

chenal contenu entre les digues en aval, le même phénomène se reproduisit.

Il fallut donc abdiquer devant des conditions hydrographiques qui n'avaient pas été prévues et on creusa le canal de Tancarville. Au commencement du siècle, de Lambardie avait émis une opinion semblable, car il avait reconnu que si la barre gêne la navigation, elle a l'avantage de retenir les eaux dans la partie supérieure sur une grande hauteur. « Si par un travail contre nature, dit M. E. Coulon (1), on arrivait à faire disparaître le barre où le seuil, les eaux de la Seine, d'après la loi naturelle de la pesanteur, prendront le niveau de la basse mer, et alors la Seine maritime se viderait comme les avant-ports du Hâvre et de Honfleur et deviendrait en basse-mer un vaste port d'échouage. Le remède serait pire que le mal. »

Les travaux d'endiguement ont eu pour résultat d'avancer de plusieurs siècles l'atterrissement de la baie; dès 1860 les représentants de la ville du Hâvre avaient protesté contre l'exécution de travaux d'endiguement. Des changements rapides se sont déjà produits dans la configuration de la baie et les limites nouvelles de la course du flot sont aujourd'hui beaucoup plus près de l'aval : ce qui démontre que les conditions actuelles sont défavorables au maintien des fonds aux abords du Hâvre (2). On suppose que dans 30 ans le pied des bancs situés au-dessous de zéro auront gagné le fort des Neiges.

Remplissage et comblement. — Les eaux se comportent dans un estuaire comme dans un *étier*, sorte d'estuaire réduit où leurs alternatives apportent des changements. Ce sont de légères échancrures superficielles situées généralement à la limite extrême de la marée, inondées seulement au moment des vives eaux. L'inondation périodique, mais temporaire, s'épanche d'abord sur des terrains plats, lave les interstices moins protégés par le gazonnement, creuse dans un temps relativement court de petits canaux, isolant les parties résistantes et finissant par déblayer le sol remplacé par un estuaire en miniature. On y voit

(1) Etudes sur la Seine. 1882.
(2) M. Estignard. Rapp. sur la reconn. hydrog. de 1875.....

les phases différentes de l'érosion : la dissolution des matières meubles, la livigiation, le transport. Mais si le régime des marées qui a creusé ces ramifications vient à changer, l'étier entre dans une période contraire ; le mouvement des eaux apporte des vases; s'il est moins rapide-elles se déposent à l'abri des perturbations, et le sillon creusé est plus tard rempli par la marée. L'estuaire qui, suivant la disposition de la côte et celle des courants, n'est plus remué par leur mouvement, finit par se combler, après avoir été ouvert par les effets contraires.

La mer d'Azow, qui pourrait être considérée comme l'estuaire du Don, est remplie par les alluvions du fleuve. L'interprétation des textes de Strabon laisse supposer que depuis quinze cents ans les contours de cette mer, le Palus Mœtide des anciens, ont reçu d'importantes additions. L'avancement des attérissants sur certains points a été évalué par Helmersen, à 6 m. 70 c. par an. Ils sont soumis à l'agitation des eaux sous l'influence des vents du nord-est. Quand ils chassent l'eau du golfe de Taganrog, bassin intermédiaire entre l'embouchure proprement dite et la mer d'Azow, ils font refluer les eaux encore douces dans les canaux à cette embouchure ; il se produit alors un exhaussement du niveau atteignant jusqu'à un mètre 50 cent. Il résulte de ces circonstances particulières que toute la mer d'Azow, dont la plus grande profondeur au milieu n'excède pas 15 mètres, se transforme en bassin de décantation, recevant tous les sables enlevés aux steppes de la Russie. Les rivages se frangent de flèches, enserrant des étangs littoraux et d'immense fondrières, premières étapes d'une plaine alluviale, s'étendant toujours au détriment de la surface de la mer d'Azow.

Les estuaires situés au fond d'un golfe où les vents et les marées sont trop faibles pour exercer une action, finissent par se remplir des alluvions apportées par le fleuve. La Néva se trouve dans ces conditions ; Saint-Pétersbourg, fondé en 1703 sur les sédiments du fleuve, est aujourd'hui éloigné de la mer. En 1743, Celsius avait déterminé des repères pour les générations futures ; comparés aux cartes hydrographiques de 1889 ils ont démontré qu'en 146 ans les alluvions déposés sur les rives les avaient augmenté d'une surface de 405 hectares. Ces accroissements toujours reportés vers l'ouest ont concordé avec

LA GRANDE-BRIÈRE
ET LES MARAIS
de l'embouchure de la Loire.
Emb. de la Blanc
St Gildas des Bois
la Roche Bernard
Camoil
Pénestin
Férel
Missillac
Herbignac
la Chapelle des Marais
Ste Rainée
Pont Chateau
Assérac
Camer
Crossac
St Nazaire
T. Mayun
Jodéron
Ile Fédrun
LA GRANDE BRIÈRE
Ile Dumet
RADE DU CROISIC
GUÉRANDE
St André des Eaux
de
Escoublac
LE CROISIC
Batz
Ile du Four
St NAZAIRE sur Loire
LOIRE
St Brévin
PAIMBŒUF
Echelle : 1/320.000
10 Kil   5000   10000   20000   30000 Mètres.
J. GIRARD DEL.

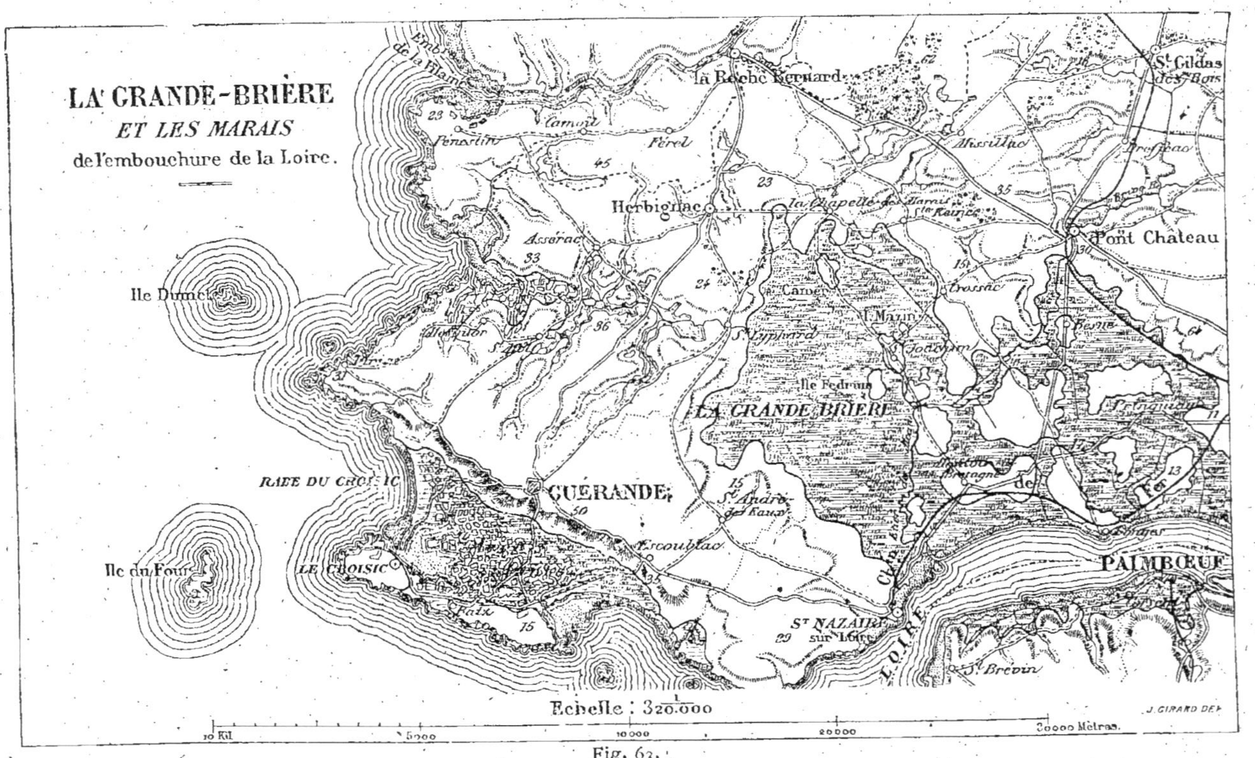

Fig. 63.

l'apparition d'îles basses et la diminution de la profondeur des chenaux de l'embouchure. Toute la langue de terre qui sépare Saint-Pétersbourg de l'île Cotline, sur laquelle est bâtie la ville de Cronstadt, se comble insensiblement et le temps ne paraît pas éloigné où l'embouchure sera reportée vers l'extrémité orientale de l'île. (1)

L'embouchure de la Loire paraît avoir été tout autre que nous la voyons actuellement ; l'ouverture ancienne devait correspondre au marais de la Grande-Brière, sorte de baie ou d'estuaire comblé par les alluvions successives du fleuve, sur un point où le mouvement des marées s'est ralenti pour une cause indéterminable. En creusant le nouveau bassin à flot du port de Saint-Nazaire (1874) on a retrouvé toutes les couches vaseuses desséchées qui ont com-

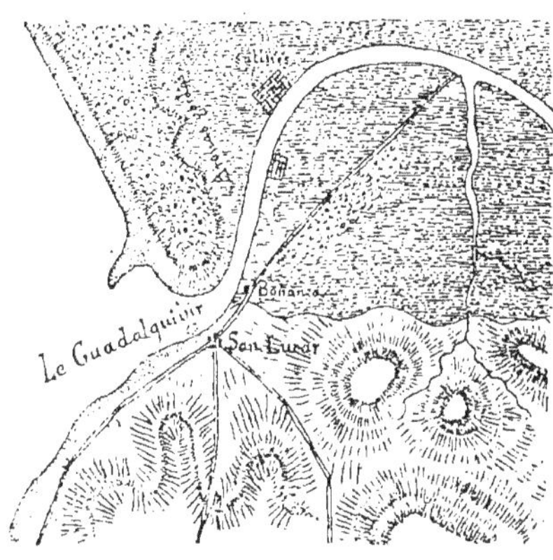

Fig. 64

Plaine alluviale remplaçant la baie où se déversait le Guadalquivir (Côte d'Andalousie).

blé l'ancien golfe, dont le Brivet est le dernier étier servant encore au drainage des eaux pluviales. M. de Kerviler a découvert des fossiles et des instruments préhistoriques ensevelis dans les alluvions desséchées (2). Toutes les couches superposées indiquaient une stratification régulière de matériaux d'érosion fluviale, tels que débris végétaux, argile et vases.

Un estuaire aboutissant à un golfe peu ouvert baigné par une mer sans marée ou sans agitation, finit par se remplir des apports du fleuve au milieu desquels passe le cours d'eau. Telle est l'embouchure du Guadalquivir sur la côte orientale d'Espagne (Fig. 64) ; cette rivière torrentielle se déversait à une époque reculée dans une baie, oblitérée à une époque postérieure par une

(1) M. M. Venukoff. C. Rend. de la Soc. de Géogr., 1890.
(2) Revue archéologique. Paris, 1877.

chaîne de monticules de sables : *arenas gordos*. Elle passe à travers une plaine alluviale de douze kilomètres de large, au sol inondé et rempli de fondrières dangereuses, pendant les crues d'hiver, mais pulvérulentes pendant l'été ; son embouchure est au pied de la ville de San-Lucar, où elle se jette directement à la mer sans autre delta que la plaine alluviale antérieure.

Malgré les mouvements des marées, certains estuaires ont une tendance à s'amoindrir par la diminution du volume des eaux du fleuve. D'après M. Wex, ingénieur autrichien, les fleuves de l'Europe continentale auraient une tendance marquée à diminuer de hauteur, à cause de la rareté des pluies, motivée par les déboisements et la prédominance de certains vents. Cette diminution du volume d'eau apporté à la mer aurait pour conséquence de ne pas opposer aux marées une force assez vive pour les empêcher de refouler les sables dans l'intérieur des embouchures. Cette opinion, combattue par quelques hydrographes, doit cependant être acceptée comme un des nombreux éléments qui intervinrent en faveur des modifications des embouchures.

Embouchures ramifiées. — Les estuaires ne présentent pas invariablement l'aspect d'un golfe ouvert ; il existe de nombreux exemples d'estuaires ayant plusieurs bras, par lesquels la marée pénètre, comme dans une ouverture plus simple. Les fleuves importants comme l'Amazone, le Gange et autres ont besoin de plusieurs ouvertures pour faire l'échange de leurs eaux avec celles de la mer ; la nature a réparti sur une vaste surface ce bassin intermédiaire destiné à l'évacuation d'un volume d'eau considérable.

L'Amazone représente le plus grand estuaire du nouveau monde composé de bras nombreux ou la marée pénètre. Cette mer où l'eau douce, encore sensible par sa couleur et sa densité à 500 kilomètres du rivage (1), est pénétrée par le flot de marée à plus de 400 kilomètres de la limite littorale. La surface de son bassin qui reçoit les eaux de la plus grande partie de l'Amérique du Sud, est de sept millions de kilomètres carrés et son débit en crue atteint 243,875 mètres cubes (2). On a aussi calculé que

(1) Sabine.
(2) Ave Lallemand, Spix et Martins.

ce roi des fleuves déverse dans l'Océan 250 millions de mètres cubes à l'heure. Le courant a une rapidité moyenne de 4 kilomètres à l'heure en temps ordinaire et de 24 à 30 dans les moments de crue, où alors le fleuve s'épanche dans les *furos* ou canaux à sec en temps ordinaire ; ceux-ci étendent leur réseau d'une façon si enchevêtrée que la topographie est restée irréalisable. Ils sont à ce majestueux cours d'eau ce que les chemins de traverse sont aux grandes routes ; au moment du débordement, les plateaux, les prairies, les forêts sont changés en lacs temporaires de grande étendue ; partout ces bras de rivière qui font partie intégrante de l'estuaire, deviennent un labyrinthe fantastique. Dans la plupart de ces myriades de canaux, de lacs, d'îles, la violence des courants est telle que sur certains points le tourbillon des ondes semble résulter d'une véritable cataracte entraînant des arbres et des rochers. La moindre modification dans la ligne du littoral, dans la direction des principaux bras, suffit pour jeter la perturbation dans cette lutte engagée entre la mer qui pénètre par d'innombrables ouvertures et le puissant courant d'eau douce provenant de cet estuaire aux bras sans nombre. La marée océanique se précipite sur le courant jusqu'à Santarem, considéré comme le point terminal de la pénétration du reflux ; cependant si le fleuve semble remonter vers sa source, par cette poussée, l'eau salée n'y arrive pas ; le courant s'y arrêtant, le fleuve se gonfle.

Tout cet estuaire est parsemé de bancs aussi innombrables que ses ramifications, car aucun fleuve n'apporte autant de débris alluviaux, dont on évalue la quantité annuelle à un cube de 110 kilomètres carrés sur 10 mètres de haut (1). Cependant l'estuaire s'ouvre de plus en plus sur l'Atlantique et ses eaux troubles sont emportées soit dans l'Atlantique, soit sur les côtes boueuses de la Guyane, où elles se déposent. On présume que par l'empiètement de la crue le fleuve perd 700 à 800 kilomètres de sa largeur. Dans cette agglomération de golfes et d'embouchures, les atterrissements et les érosions affectent les caractères les plus bizarres. On cite une île d'environ deux kilomètres de large, située à l'entrée de la baie de Vigia, qui aurait été absorbée en

(1) E. Reclus. Géog. univ.

totalité en 1848, et le phare de Salinas, construit à 500 mètres de l'Océan et qui a été détruit, quelques années après son érection, par les empiètements de la mer (1).

Le problème de l'enlèvement de bandes considérables de l'entrée des embouchures comporte des phénomènes nombreux. Les grands bancs qu'on rencontre depuis le Maranham jusqu'au cap Nord, ne fournissant pas une explication suffisante, il semble plus acceptable d'admettre près des embouchures une profonde dépression servant de réceptacle aux produits de l'érosion qui s'y trouvent transportés par un courant sous-marin (2). Les dragages effectués depuis le cap San-Roque jusqu'à Bahia, ont démontré que les dépôts appartenant à ces parages ont un caractère spécial, consistant en une vase rouge due à la présence des matières ocreuses charriées par le fleuve (3). Cependant une partie notable de matériaux d'une certaine densité est transportée par le courant passant devant l'embouchure et se poursuivant jusqu'au Mexique. Les bois abandonnés à la mer devant cette partie de la côte ont été retrouvés dans la mer des Antilles, et de plus, sur les côtes de ces îles, croissent beaucoup d'arbres originaires du bassin de l'Amazone, dont les graines ont été transportées par les courants.

Le grand estuaire Gangétique par lequel s'écoulent les eaux les plus orientales du Gange et celles du Brahmapontra, porte le nom de Maghna, quoiqu'il n'appartienne réellement qu'au vieux Brahmapontra. Son ouverture embrasse la plus grande partie du golfe du Bengal qu'il remplit de ses alluvions. Une multitude de canaux, la plupart innommés, perdus dans les jungles, représentent les bras grands et petits par lesquels les deux fleuves jumeaux se terminent. Ils sont bouleversés par les marées en mai et en octobre, au commencement de chaque mousson, époque à laquelle les vagues, doublant le mascaret, y apportent des ravages. En 1867 l'île Hattia fut submergée par une lame de 12 mètres de haut qui l'inonda en faisant périr tous les habitants (4).

Moins importantes sont les bouches ramifiées où l'Escaut et

<hr>

(1) L'abbé Durand.
(2) Martins da Silva Continho. Bull. de la Soc. de Géogr. Oct. 1867.
(3) Expédition du *Challenger*.
(4) Vivien de St-Martin. Dict. de Géog. Univ.

la Meuse se confondent en un même estuaire; mais elles aussi ont été creusées par la pénétration répétée des marées. La masse principale des eaux du Rhin fusionnant avec la Meuse, par le bras gauche du Rhin, se perd dans le Biesboch, aux innombrables canaux, et se divise ensuite en deux autres bras, devenant ainsi un cours d'eau d'une grande largeur sous le nom d'Hollandsch Diep. Puis il finit par se séparer en deux branches, enveloppant l'île d'Over Flakke, pour aboutir à la mer. L'Escaut, qui a 600 mètres de largeur à Anvers et une profondeur de 10, est la branche la plus favorable à la navigation, il se jette dans la mer par deux vastes embouchures, l'Escaut oriental et l'occidental, séparés par plusieurs îles. Tous ces bras de l'estuaire sont profondément atteints par les tourbillons du flux et du reflux, dont l'effet est de remanier sans cesse les bancs qui se déplacent sur une rive ou sur l'autre suivant les mouvements des courants.

On retrouve un certain nombre d'embouchures ramifiées sur les côtes d'Afrique; le Congo, le Calebar, la Cazamance, le Volta aboutissent à la mer au moyen d'un grand nombre de bras, par lesquels la marée pénètre, au milieu de rives bordées de palétuviers et d'étiers ou marigots perdus dans les forêts. Pendant la saison des pluies les canaux et les terrains voisins sont transformés en marécages impénétrables, où se développe toute la végétation de la nature tropicale.

Fig. 65

VII

LES VESTIGES LITTORAUX ET LES MOUVEMENTS
DU SOL

Interprétation des traces laissées par la mer. — Les eaux répandues à la surface du globe, jouant à la fois le rôle d'agents désorganisateurs et reconstituants, ont déposé sur de nombreux endroits éloignés de la mer, des vestiges indiquant son séjour à une époque reculée. Ils occupent souvent une place permettant de supposer un retrait de la mer ou une élévation du sol. Les cordons de sables et de galets déposés au loin, les bancs de coquillages surélevés, les baies comblées, les constructions élevées dans des endroits qui ne justifient plus de leur utilité, paraissent être des indices favorables à l'exhaussement du sol. Mais dans une acception contraire, les plaines basses envahies par la mer, les estuaires agrandis, les fragments de côtes disparus, les îles emportées, les constructions submergées, semblent être autant de repères indiquant l'affaissement de certains points situés au-dessous du niveau de la mer, supposé invariable dans ces supputations.

Ces évolutions n'autorisent pas invariablement à formuler des conclusions relatives aux variations de la surface des continents, recherchés dans les transformations de la croûte terrestre. Un bourrelet relégué, loin de la laisse de haute mer, peut résulter uniquement du fait d'une haute marée favorisée par les vents ; une plaine alluviale conquise sur la mer n'est souvent que la conséquence de dépôts dus aux courants. Les fragments de troncs d'arbres ensevelis dans les sables des plages ne sont quelquefois que la conséquence de destructions opérées dans le voisinage de la grève. D'où un grand nombre des évolutions littorales sont une conséquence directe des phénomènes d'érosion et d'alluvion combinés suivant des circonstances quelquefois très compliquées.

Au bord de la mer, au voisinage immédiat du grand plan de nivellement général du globe, imposé par la nature même, les dénivellations de certains lambeaux du sol semblent indiquer des mouvements lents de l'écorce terrestre. Les terrasses marines constatées dans tous les lieux du globe et particulièrement dans le voisinage des pôles, fournissent une indication qu'on est obligé d'admettre sous réserve de leur cause réelle.

La reconstitution des cartes du fond de la mer et des continents a démontré que des effets physiques émanant de l'intérieur de la terre, produisent des élévations et des affaissements, avec une intensité qu'il est difficile de déterminer faute de termes de comparaison, mais que ces évolutions se poursuivent, laissant une lacune dans l'ensemble de nos connaissances, aussi bien que dans l'ordre naturel.

Lyell fut le promoteur des soulèvements graduels basés sur les phénomènes reconnus sur les rivages. On a attribué dans leur totalité ces déplacements à des soulèvements composés par des affaissements ou ridements de parties correspondantes. D'après S. Grimes elles résulteraient de l'affaissement des bassins océaniques sous le poids des sédiments déplacés (1). Les changements survenus dans sa distribution le long des côtes, en quantité considérable, produiraient un affaissement lent sur certains points, ayant comme conséquence opposée le relèvement de certains autres. Dans ce cas, à l'époque où les mers couvraient les terres aujourd'hui émergées, les courants océaniques et même fluviaux auraient concouru à ce transport de sédiments et, par suite, auraient été les principaux agents de transformation du globe.

M. Bertrand considère le ridement de la croûte terrestre comme se poursuivant d'une façon continue et toujours aux mêmes places. Cette loi n'empêche pas que des oscillations et des ruptures se produisent accidentellement. C'est ainsi que s'explique l'origine des chaînes de montagne et des dépressions de

---

(1) Stanley Grimes. Geonomy. Creation of the Continents by the currents.

l'Océan. Il considère comme probable la relation entre le mode de déformation de la croûte du globe et le magnétisme terrestre, qui serait la loi présidant à cette déformation (1). Cette assertion serait concordante avec les études de M. Moureaux sur les rapports entre les anomalies magnétiques et les fractures du terrain observées dans le bassin de Paris, où les isogones s'infléchissent sur le passage des failles (2).

Howarth suppose que la terre s'est élevée sous les hautes latitudes et qu'elle s'est contractée sous les tropiques. Suess, n'admettant d'autre élévation que celle résultant directement du plissement, a émis l'opinion de l'invasion de la mer vers les basses latitudes. Il indique comme explication possible les changements de la longueur du jour et la force centrifuge.

Les variations des côtes de Suède. — La Scandinavie est le premier pays d'Europe où l'on ait relevé des documents permettant de repérer les mouvements lents des côtes. Jusqu'aux premiers travaux de ce genre, on n'admettait que les transformations brusques du sol ; aussi l'étude de ces dénivellations a captivé l'intérêt scientifique.

La mer Baltique est la région où ces variations ont été le mieux repérées. L'élévation de ces côtés avait été observée depuis longtemps par les riverains de cette mer, ainsi la ville de Luléâ, fondée par Gustave Adolphe au bord même de la mer, se trouve reléguée à plusieurs kilomètres dans l'intérieur, depuis une période évaluée à cent cinquante ans ; un nouveau port a été creusé pour remplacer celui qui s'est déplacé. Plusieurs savants suédois ont laissé de précieux documents sur cette question ; Urban Iljärne citait en 1702 certaines îles comme ayant été, d'après les traditions locales, moins élevées au-dessus du niveau de la mer. E. Swedenborg fit en 1719 une observation pareille. Mais ce fut Celsius qui, en 1743, ouvrit avec retentissement la discussion dans les Mémoires de l'Académie de Stockholm ; il émettait l'opinion de l'abaissement du plan d'eau de la mer Baltique, dans une proportion de quatre pieds et demi par siècle, d'après la comparaison de ses mesures avec les repères placés par ses prédécesseurs ; mais, il croyait aussi à la diminu-

(1) C. Rend. Acad. des Sciences, 23 février 1892.
(2) Ibidem, 1892.

Girard, 13.

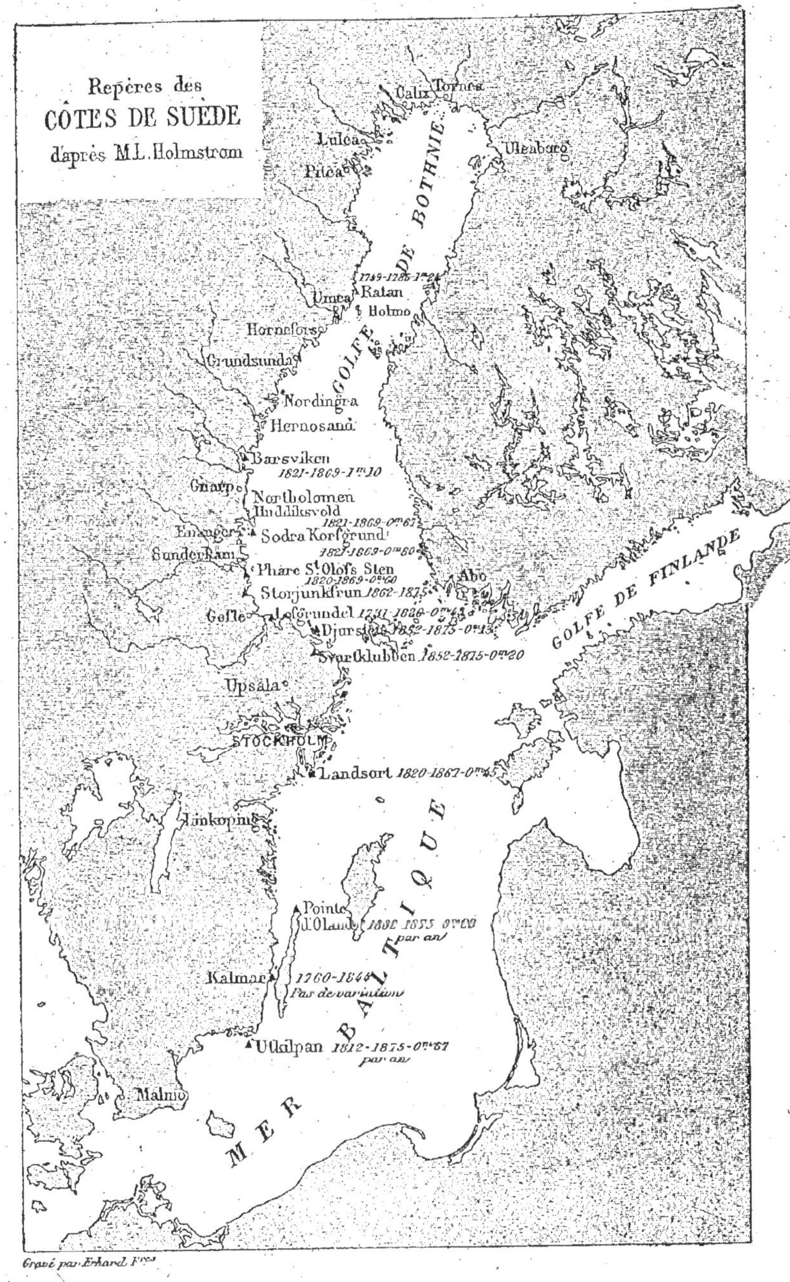

Fig. 66.
Variations littorales vérifiées pour les périodes déterminées.

tion du volume des eaux de la mer soit par évaporation, soit par infiltration dans les terres. Swedenborg opinait pour l'écoulement lent des eaux du bassin polaire vers l'équateur et étendait ce mouvement à toutes les mers arctiques. En 1731 Linnée ajouta plusieurs repères à ceux de ses prédécesseurs et détermina, entre autres points, le niveau de la mer à Trellborg, qui fut plus tard l'objet de comparaison. En 1749, Hall, voyageur autrichien, fit la première constatation des plages surélevées ou terrasses parallèles aux environs du cap Nord et sur les côtes norwégiennes, où il en existe un grand nombre (1).

La théorie de Celsius fut acceptée par Linnée et Walerius ; puis reprise par Olaf Dalin (2) avec de nombreuses preuves à l'appui. Brovallius, évêque d'Abo, repoussa une partie des faits avancés par Celsius; d'après ses propres observations, il concluait, au contraire, à une élévation du niveau de la mer sur plusieurs points. En 1763, le géomètre Runeberg se montra partisan de l'élévation et de l'affaissement, effet qu'il jugeait d'après ses observations dans les mines, où il croyait que les roches étaient soumises à des forces occultes. En 1806, le professeur Schulten et plus tard, en 1823, le colonel Hallström reprirent la discussion en commentant les observations antérieures.

Celsius ne s'était pas contenté de discuter théoriquement, il avait eu l'initiative de tracer en 1731 le premier repère précis sur les roches de Gèfle; Wikström poursuivit son idée en plaçant en 1760 des marques incrustées sur les rochers dans le détroit de Kalmar, au niveau même de la mer et poursuivit pendant quelque temps ses observations dans ce sens.

La dénivellation du bassin semi-lacustre de la mer Baltique eut un certain retentissement dans la science géologique. L. Von Buch y vit une explication encore indéfinie des élévations et affaissements de l'écorce terrestre, qui plaçait les mouvements de la surface du globe sous un nouveau jour. Le géologue Lyell développa cette théorie en 1834 et évalua à un mètre l'élévation du sol à Gèfle, depuis le repère placé par Celsius. Le professeur Axel Erdman contribua à développer ces recherches en résumant les travaux de ce genre. S. Loven posa en principe l'élévation générale des

(1) Oscar Peschel. Newe Problem der Vergleichonden Erkunde.
(2) Histoire du royaume de Suède.

côtes, d'après cette simple remarque que, dans le Sud, près de Lands'Krona, d'après un traité de Wileke, de 1776, il existait entre cette ville et le rivage, des forêts qui avaient été submergées. En 1836, Nilsson, vérifiant un repère de Linnée, à Stafsten, près Trellborg, découvrit un mouvement d'affaissement, d'où il conclut, en les comparant aux repères du nord de la péninsule, qu'elle était soumise à une sorte d'oscillation. En 1844, Silgeström constata l'invariabilité du repère de Skallo, tracé par Wikström en 1760. Brezelius, observant les fondations creusées pour le nouveau port d'Ystad, y trouva des indications suffisantes pour affirmer l'abaissement de la côte de Skane. Depuis, Erdman et Nathorst ont démontré que les procédés de vérification des repères anciens présentaient des incorrections et qu'il fallait employer une méthode plus précise (1).

De toutes ces études, il ressort cependant qu'il fallait établir des repères destinés à des observations méthodiques. Sur l'initiative du professeur Erdman, on organisa, en 1847, un certain nombre de stations, et en 1852, ce service, placé sous la direction de l'Académie des Sciences de Stockholm, fonctionnait régulièrement. Le nouveau système a démontré que les évaluations de Celsius étaient exagérées ; il les avait fixées à quatre pieds et demi par siècle, d'après des repères isolés sans point de départ fixe. Cette élévation ne se poursuit pas uniformément sur toute la longueur des côtes. On relève quotidiennement le niveau de la mer, contrôlé aux écluses de Stockholm et au moyen d'appareils enregistreurs placés dans treize stations échelonnées sur le littoral, ainsi que sur le bord des principaux lacs intérieurs ; d'après les calculs effectués par la Commission, l'élévation moyenne avait été ainsi répartie :

De 1774 à 1825 — 0^m59
De 1825 à 1852 — 0^m41
De 1852 à 1875 — 0^m32

On a publié en 1893 un dernier relevé indiquant que depuis un siècle, l'exhaussement du littoral avait été de 7 mètres à Osprö, de 11 mètres à Hangould et de 12 à Trernimo (2).

(1) L. Holmström. Revue Scientifique, sept. 1888.
(2) La Nature, 18 février 1893.

Il ressort donc de ces travaux que l'ensemble des côtes suédoises subit une élévation continuelle : l'affaissement purement local de quelques points ne détruit pas cette opinion, discutable pour quelques autres. La géodésie de précision est appelée à trancher cette question controversée. Le professeur Rubenson a proposé un nivellement détaillé, avec rattachement aux stations hydrométriques ; il aurait besoin d'être vérifié périodiquement, car la plupart des premiers repères, établis avec des procédés peu scientifiques, ne présentent pas des garanties suffisantes pour la solution.

La question du niveau de la Baltique est, d'après M. Suess, du domaine de la climatologie et de l'hydrostatique. Il faut la rechercher dans le régime des cours d'eau qui se jettent dans cette mer presque fermée et dans la fréquence des vents qui influencent sa surface. Le déplacement de la ligne du rivage est en relation avec la sortie des eaux destinées à s'écouler dans l'Océan et les oscillations locales dues aux quantités d'eau douce déversées périodiquement.

Ces variations sont soumises aux mêmes alternatives que celles des lacs ou bassins presque fermés. Si on les compare à celles de la mer Caspienne, on voit que l'amplitude des variations de niveau s'élève à 0^m30, et qu'elles concordent avec les crues du Volga, avec un retard d'environ six semaines. Il existe aussi un rapport très étroit dans la mer Noire entre son niveau et celui des fleuves tributaires ; ces variations ont été rapprochées de la fonte des neiges et des variations des glaciers du Caucase ; quand ceux-ci s'avancent le niveau de la mer monte [1].

Le bassin de la Baltique, étendu en longueur, est aussi soumis aux influences atmosphériques ; on a de tout temps remarqué une relation prononcée entre la pression barométrique et le niveau de l'eau aux environs de Stockholm, où suivant la direction du vent, cette dénivellation fait tantôt affleurer les eaux du lac Mœlar dans la mer, tantôt les fait refluer dans le lac. Le vent agit donc comme une marée météorologique, accumulant l'eau dans un sens ou dans l'autre et produisant par conséquent des dénivellations superficielles.

[1] M. J. V. de Guerne.

Les anciens fonds de mer à la surface des continents. — Les vastes étendues sablonneuses qui recouvrent le sol des continents représentent d'anciens fonds de mer, si l'on en juge d'après les fossiles marins, les efflorescences salines et la sédimentation superficielle du terrain.

Il existe dans l'Asie Centrale de nombreux témoignages du séjour des eaux marines, tels que déserts de sable avec cailloux roulés, cavités lacustres, plateaux émergés et coquillages marins. Un vaste golfe dont le Lob-Nor est le dernier vestige s'étendait depuis le massif de l'Altaï jusqu'au Tian-Chan : il est remplacé par un plateau sans écoulement de ses eaux : le Lob-Nor, consistant en un fond de cuvette et particulièrement dans la région septentrionale, où l'espace compris entre le lac Baïkal et le fleuve Amour reste couvert de marais sans drainage, comme l'est encore la Finlande.

La plaine centrale asiatique, qui, d'après Roon, a une superficie de 62.000 milles géographiques, communiquait avec la Caspienne à l'une des dernières époques géologiques ; de sorte que toute cette plaine basse représentait une mer intérieure, dont la dépression, s'étendant du Kouen-Loun au Thian-Chan, devait avoir aux environs de Lob-Nor une profondeur de 900 mètres. L'état actuel représente une solitude parsemée de dunes, à laquelle les Chinois ont donné le nom de Han-Hoï, ou « mer desséchée ». Pendant une époque concordant probablement avec la période glaciaire, le Tian-Chan était à peu près entouré de mers remplaçant les déserts brûlants de l'époque contemporaine. Les observations de de Humboldt dans les steppes d'Ischen, confirmées par celles de Middendorf dans la Sibérie Orientale et celle de M. de Levertrow dans le désert Kirghiz, montrent que toutes ces plaines, à une époque relativement récente, probablement post-glaciaire, étaient occupées par un immense golfe de la mer Glaciale couvrant une superficie plus grande que la Méditerranée. L'Océan et le bassin aralo-caspien furent ensuite séparés par des soulèvements lents et par un affaissement du fond des eaux (1).

Le dessèchement de l'Asie centrale est encore perceptible à

---

(1) N. de Severtzow. Cong. int. des sciences géogr. Paris, 1875.

l'époque actuelle, d'après la diminution progressive des lacs représentant les bas fonds de la dépression. Observés depuis le commencement de ce siècle, on a constaté qu'ils ont beaucoup diminué et que le désert gagne ; les sables mobiles menacent d'ensevelir les derniers oasis sur une surface plus vaste que l'Europe. La grande sécheresse de l'air concourt à l'évaporation des dernières traces lacustres. Les lacs desséchés totalement ou en partie dans le courant du siècle sont : dans la steppe d'Astrakan, le lac Astchi-Koul, qui a été absorbé en 1873 ; il n'avait pas moins de 320 kilomètres carrés ; les deux golfes de la mer d'Aral : le Barsout, qui existait en 1741, d'après Gladycheff, et le Mouravim, reconnu en 1816 et qui a disparu depuis. L'Aïboughir, de 2 800 kilomètres de surface et de 115 kilomètres de long, s'est aussi évaporé depuis le commencement du siècle. Le lac Balkhah, un des plus importants, a notablement diminué et s'est réuni à d'autres lacs. Le groupe sibérien se réduit au seul Tchany ; le lac Hamoun, qui avait un bassin de 70 kilomètres de long, a disparu ; les lacs de Dzoungarie ont leurs contours entièrement modifiés (1). Il est donc facile de prévoir que l'évaporation se continuera et qu'il en résultera un agrandissement de la région inhabitable.

Les mêmes phénomènes ont lieu dans la vaste étendue comprise entre la mer Caspienne et la mer d'Aral. Toute la région désertique située entre la Caspienne, les rives de l'Yaxartes et le Syr-Daria, jusqu'à la latitude de Merv, n'est une immense étendue lacustre desséchée, à la surface de laquelle on reconnaît encore d'anciens lits de fleuve, abandonnés au milieu des sables et des marécages, alternant avec les graviers. Ces régions brûlantes de l'Oust-Ourt, du Kel-il-Kom, du Sari-Kamich ont le caractère complet du Sahara africain ; comme les lacs salés des chotts tunisiens, elles ont leurs fondrières remplies de sable et d'argile, demeurant encore à l'état boueux, où l'imprudent qui s'aventurerait sur la croûte, d'apparence solide, recouvrant un terrain pâteux, serait englouti.

Entre la mer d'Aral et la Caspienne et au nord de celle-ci s'étendent les immenses steppes habitées par les Kirghiz, dont le sol de sable salé représente le fond d'une mer préhistorique

(1) M. Venukoff. Revue de Géogr. Août 1886.

isolée d'abord de l'Océan et ensuite desséchée. Entre le Volga et
l'Ouzen et même jusqu'à l'Oural, cette évaporation encore impar-
faite a laissé comme dernières traces les lacs amers de Velton,
Kamich-Samavo et les marais du Kotmas et du Grand Kali, dont
le fond est incrusté de couches salines superposées ; pareil fait a
été constaté aux lacs Amers, dans l'isthme de Suez, derniers vestiges d'une portion de mer isolée au milieu d'un détroit successi-

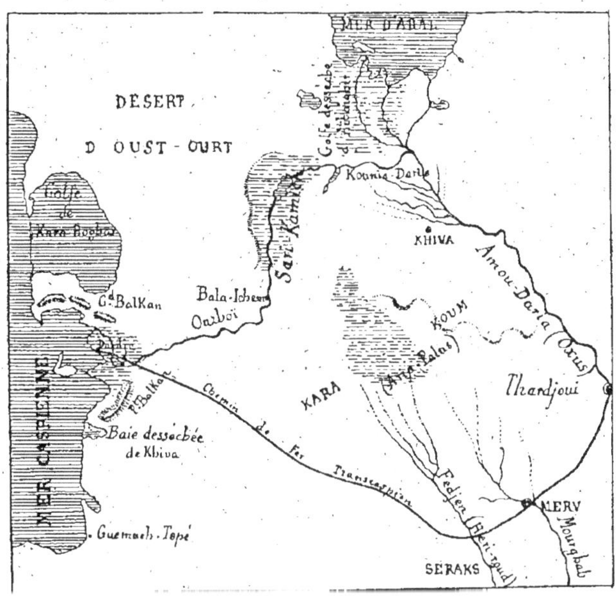

Fig. 67.
Ancienne jonction de l'Oxus avec la mer Caspienne
(d'après les explorations de M. Lessar).

vement comblé. Le mélange salin contenu dans les lacs de
l'Oural est tellement épais et visqueux que l'on marche péniblement dans ce mélange semi-pâteux d'une hauteur d'environ
trente centimètres ; un tel degré de salure le rend réfractaire
aux vives gelées de l'hiver.

La mer d'Aral est désignée sur les cartes du XVIᵉ siècle sous
le nom de « mer bleue », et sur ces mêmes cartes la forme de la

mer Caspienne est plus allongée qu'aujourd'hui. On s'est livré aux opinions les plus variées sur la communication de deux mers et en même temps sur le déplacement de l'Oxus (Amou-Daria), dont on a cru, pendant un certain temps, retrouver les traces dans les vallons sablonneux du désert. On supposait qu'il avait existé une communication entre les deux dépressions par l'intermédiaire de l'Ouzboï, qui traverse un lac intermédiaire marécageux, le Sari-Kamich, dont la longueur est d'environ 200 kilomètres. L'explication au moyen d'un mouvement lent du sol a été abandonnée, après une étude plus approfondie de la topographie locale. Depuis Kiva jusqu'au lac Sari-Kamich et même avec prolongement jusqu'à la Caspienne, il existe une pente faible, mais continue, sur laquelle l'Oxus se déverse en se transformanten une série de minces filets d'eau comparables aux ramifications d'un delta aboutissant à la mer d'Aral, avec des écarts indéterminés. Les déplacements de ce fleuve au milieu des déserts sablonneux restent toujours obscurs, faute de renseignements antérieurs, quoiqu'il concorde avec l'assèchement de l'Asie centrale pendant la période contemporaine. Quelques documents anciens s'accordent cependant à constater l'existence d'un désert depuis les temps les plus reculés, dans lequel on n'a jamais découvert aucune ruine (1). D'après le général Stébintzky, l'explication la plus satisfaisante, basée sur la carte de Jenkinsen (1873), serait que les lacs de Sari-Kamich correspondent aux distances données sur cette carte et que la présence de l'eau douce dans cette dépression aurait pour origine le débordement de l'Oxus en 1878.

Les déserts de l'Asie et de l'Afrique ont une commune origine indiquée par les sables salés, les coquillages marins et les dépressions lacustres. Les Chotts, le lac Triton des Anciens, paraissent avoir formé un golfe intérieur ayant eu une communication probable avec la Méditerranée par l'isthme de Gabès, qui n'est qu'un cordon littoral complété d'une chaîne de dunes. Le Sebka Faroum ne représente plus qu'une plaine de sel desséché ; le chott Mel-Rhir est à 26^{m}89 en contrebas de la mer

____

(1) M. P. Lessar. L'ancienne jonction de l'Oxus avec la mer Caspienne (Cong. int. de S. Géogr., I, Paris, 1890).

à son bord occidental et son fond s'incline vers l'est avec une pente de 0^m20 par mètre (1). On retrouve sur les bords de cette mer des traces d'appareil littoral, des monticules de sable avec des cailloux roulés, des vestiges d'érosion et entre autres coquillages marins le *Cardium Edule* (2). Au nord du chott Melghigh existe un sol sablonneux et marneux, que les Arabes appellent : Bakhbâkba. Cette terre tassée, unie à certaines places, boursouflée dans d'autres, laisse des cavités dans sa juxtaposition avec la couche inférieure.

A la moindre pluie, la croûte s'affaisse pour se reformer pendant la sécheresse. Le fond du Chott El-Djèrid, semblable à une immense mer desséchée, n'est en réalité qu'une croûte de sel et de sable, d'une épaisseur d'environ 80 centimètres, flottant comme une couverture, sur un lac souterrain dont le liquide est composé d'un mélange d'eau jaunâtre et de sable fin. Le capitaine Roudaire a fait creuser des trous à travers la couche superficielle pour en sonder la profondeur ; mais là densité du mélange ne permit pas à la sonde de donner de réelles indications. Ce revêtement, assez flexible pour onduler sous la pression des vents violents, est dangereux pour les voyageurs qui s'aventureraient au hasard ; dans ces circonstances, les bêtes de somme, obéissant à leur instinct, refusent d'avancer.

Le Rann de Catch, aux Indes, représente aussi un ancien fond de mer de la même catégorie ; situé dans le bassin de l'Indus, il est resté en communication variable avec l'Océan. Pendant le mousson, qui concorde avec la saison des pluies, les eaux de la mer, poussées par le vent soufflant toujours dans la même direction, franchissent un faible seuil et affluent dans la plaine, qu'elles inondent fort loin, à cause de sa parfaite planimétrie. Leur hauteur atteint à peine un mètre dans le voisinage de la mer. Au retrait des eaux, la plaine, qui s'étend sur une longueur de 240 kilomètres, se couvre d'efflorescences salines, d'une croûte rigide, aux grains de sable agglutinés, résonnant sous le pas des caravanes. Au milieu du désert surgit l'Archipel de Catch, composé de quelques éminences servant de points de

(1) E. Fuchs. Bull. de la Soc. de Géogr., sept. 1867.
(2) H. Duveyrier, ibidem, janvier 1875.

repère et de campement aux caravanes qui voyagent avant le
retrait complet des eaux, pour éviter les insolations ; autrement
elles ne s'y aventurent que la nuit, afin de se soustraire à la

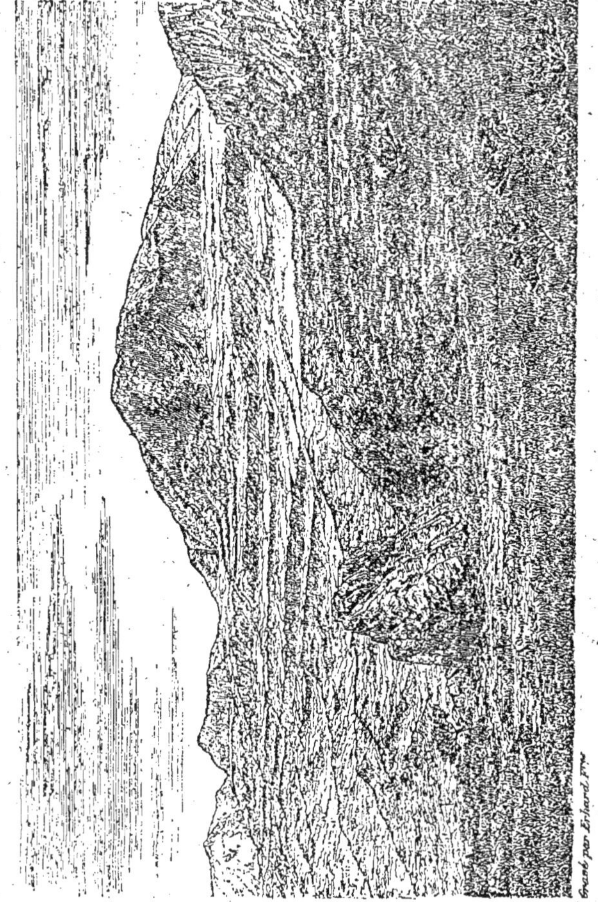

Fig. 68.
Terrasses parallèles sur les bords du lac Bonneville.

réverbération du soleil, aux effets de l'hallucination pareille au
rhagle du désert africain, et au mirage produisant le vertige.
Plusieurs géographes ont considéré ce désert comme le résultat

Lac de l'Epoque Glaciaire
dit
LAC BONNEVILLE
dans
L'UTAH
d'après Clarence King
Surface probable des eaux à l'époque glaciaire
Cosiute Range
Bare Hills
Goose Creek Mts
Ombe Mts
Hart River Mts
Desert Mts
THE DESERT
Rocky Hills
Terrace Mts
White Valley
House Range
Cedar Mts
Lakeside Mts
GREAT SALT LAKE
Beaver Hills
Beaver Lake
Desert Lake Desert
Mineral Range
Beaver Cr.
Aqui Mountains
Oouirrh Mts
Beaver Range
Canon Range
Jordan R.
Utah L.
Sam Pitch Range
Sevier Range
Wahsaich Range
Grass Valley
Sam Pitch Valley
Provo R.
Gravé par Erhard Frès
Fig. 69.

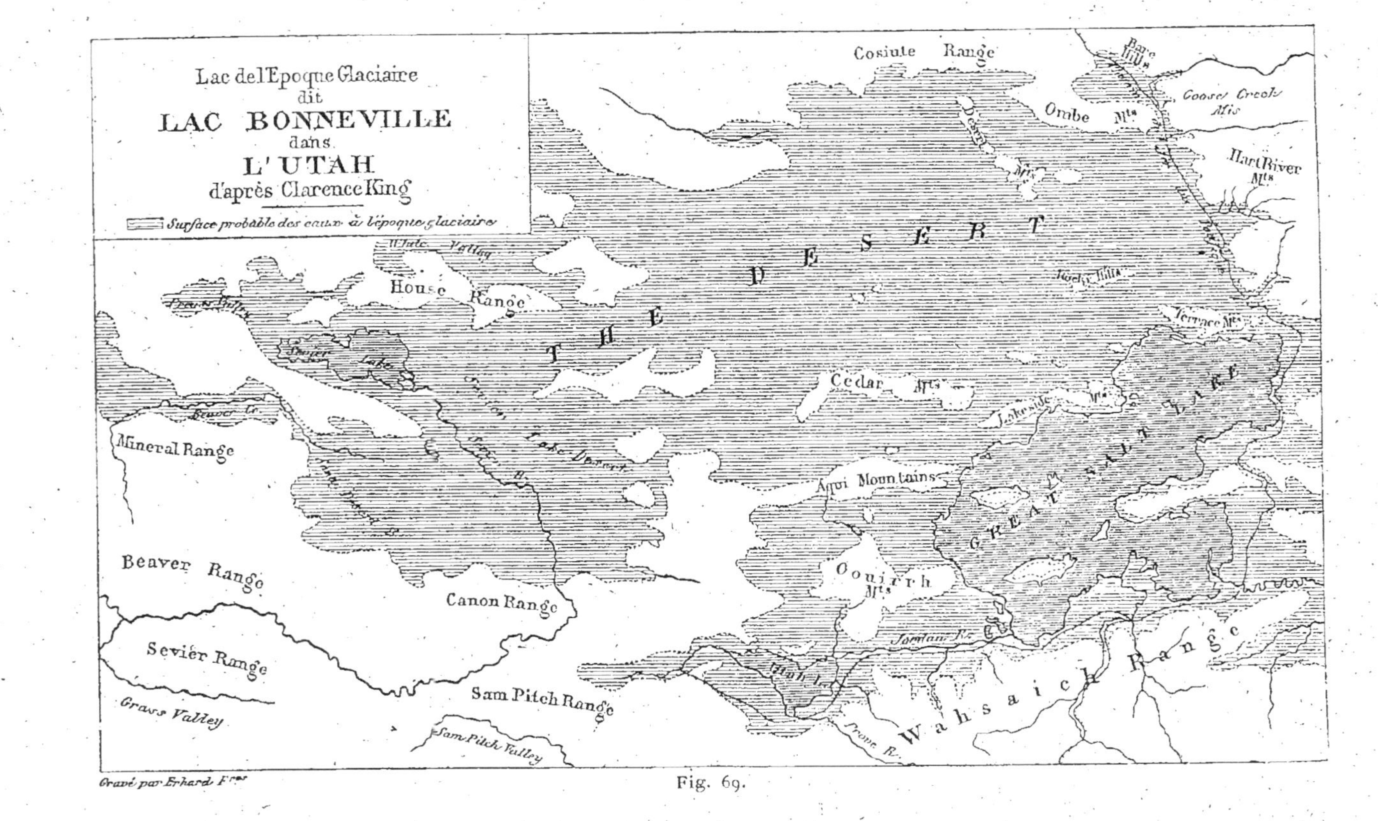

Fig. 69.

d'une dépression du sol, que les alternatives des dépôts de sel finiront par combler.

Ces anciens fonds de mer se retrouvent aussi en Australie, dont le plateau central est occupé par des plaines sablonneuses entrecoupées de dunes de sable rouge ondulées, dont l'espace s'étend sur 600 kilomètres en latitude. Elles alternent aussi avec des lacs salés, tel que le lac Amadeus, le lac Gardner, le lac Eyre et autres, qui, desséchés pendant l'été, présentent tous les caractères des Chotts sahariens. Ils se couvrent après les pluies d'hiver d'une même nappe d'eau, s'étendant à perte de vue, parsemée de bouquets de spinifex, plante spéciale aux déserts australiens.

Traces littorales en Amérique. — Tout le nord de l'Amérique présente des restes grandioses d'anciens fonds de mer desséchés, appartenant à l'époque quaternaire et où tous les rivages sont encore visibles avec leurs différents étages. On y retrouve, comme dans un laboratoire de géologie expérimentale, des exemples des mouvements du sol et des évolutions de la période glaciaire.

Les géologues des États-Unis ont donné les noms de Bonneville au lac desséché qui se trouve dans l'Utah, de Lahontan, à celui de Névada et d'Agassiz à celui du Minnesota ; ce dernier nom a été choisi en l'honneur du célèbre naturaliste, à qui l'on doit de nombreux travaux sur les phénomènes glaciaires.

Le lac Bonneville mesure dans ses nombreux replis une longueur de 180 milles du nord au sud, dans le bassin de l'Utah ; les anciens rivages les plus élevés sont à 188 mètres au-dessus du grand Lac Salé, nappe d'eau qui a subsisté comme dernier vestige de l'ancienne mer intérieure. Les rivages ou terrasses bien conservés représentent les niveaux succesifs de l'eau, dont le retrait progressif a probablement été causé par l'évaporation. Le fond est occupé par un désert de sable, renfermant des sels mélangés à des cailloux roulés et à des matériaux détritiques. On y reconnaît la présence du carbonate de chaux, de la silice, de l'alumine et des traces de magnésie ; pendant l'été le sol se couvre d'efflorescences salines provenant des couches inférieures imprégnées de sel au moment de la dessiccation ; l'exutoire de cette

Surface probable des eaux à l'époque glaciaire
Limite du partage des eaux du Lac Lahontan
500 Profondeur maxime en pieds
Limite de l'ancien Lac
15 10 5 0 15 30
Statute Miles
MADELINE PLAINS
Jackson Range
Black Rock Desert
Santa Rosa Range
Winne mucca
Trinity Mountains
Humboldt R.
Humboldt Mt.
Osobb Walloy
380
180
820
500
Playa
Playa
Honey L.
381
Pyramid L.
Winnemucca L.
West Humboldt R.
Humboldt L.
Au Palouver
Wadsworth
Chemin de fer
Truckee River
Carson Desert
800
South Carson L.
Washoe L.
Carson
Dayton
Tahoe L.
SIERRA NEVADA
490
Hawthorn
Lac de l'Époque Glaciaire
dit
LAC LAHONTAN
dans
LE NEVADA OCCIDENTAL
d'après M. Israël C. Russel
1881
Gravé par Erhard F.re

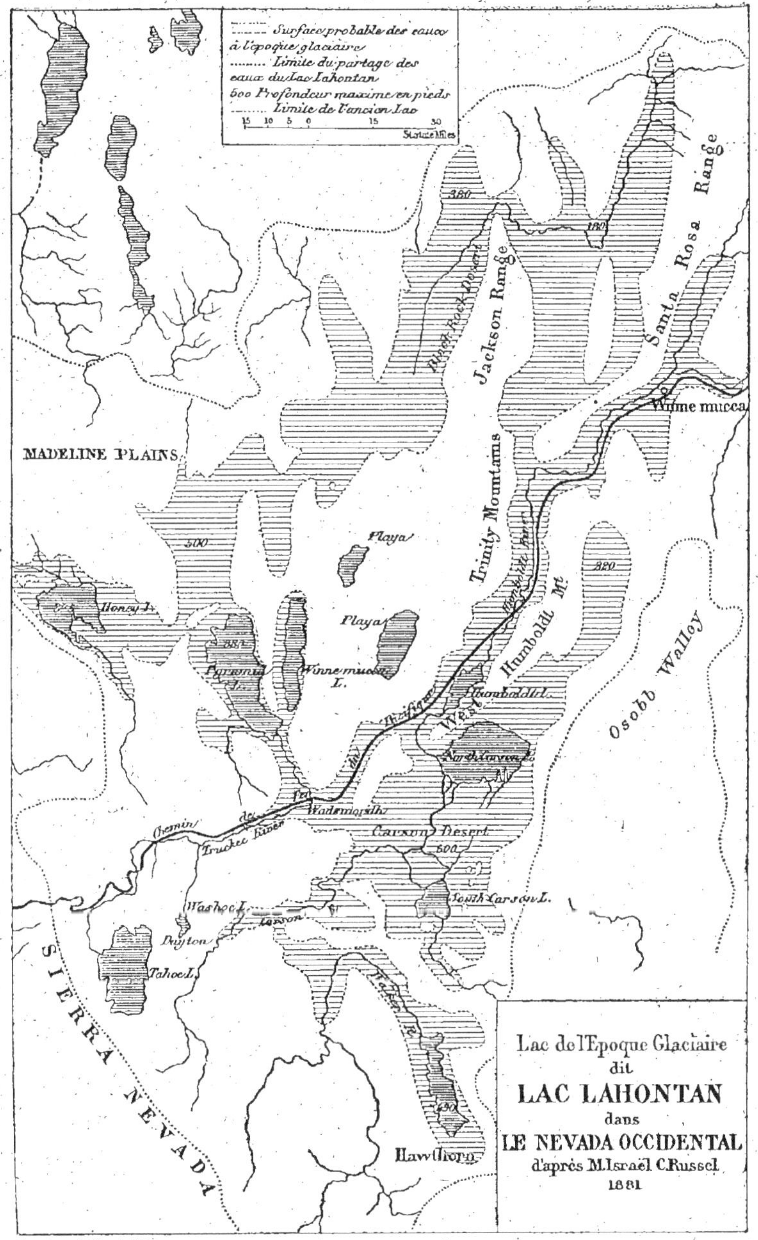

Fig. 70.

mer intérieure découvert par M. Gilbert en 1877 se trouve à Red Rock Pass, près Oxford, Idaho (1).

Le lac Lahontan, situé dans le nord-ouest du Nevada, présente les mêmes caractères : les lacs Carson, Pyramid, Winnemuca, sont les dépressions où séjournent les restes de l'ancienne nappe d'eau. Presque toutes les vallées qui se trouvent dans le bassin du lac Lahontan paraissent provenir de fractures. Les mouvements du sol ont persisté pendant toute l'existence du lac et persistent peut-être encore dans toute la région du Grand-Bassin. On a remarqué que les déchirements du sol sont placés au pied des collines suivant les anciennes lignes de dénivellation ; en certains endroits, ils recouvrent les cônes d'alluvion qui descendent des sommets environnants dans la vallée. Un canal de communication ou déversoir a été retrouvé à Smok-Creek, où il est accompagné d'une crevasse de 50 milles de long, jalonnée de sources chaudes (2).

Le lac Agassiz occupe une étendue considérable dans le Minnesota, où il se confond avec les prairies ; il avait, d'après M. Young, 100 à 200 milles de largeur à l'ouest du lac Winnipeg et une longueur de 600. Il dépassait donc, à l'époque où il était rempli, une surface plus grande que celle du lac Supérieur et d'après des anciens rivages à Fargo et à Moorhead, le plan d'eau aurait été à une hauteur moyenne de 60 mètres ; à Grand Forks, il aurait atteint 100 mètres et à Pembina 170 mètres, point le plus élevé. Les contours du lac Agassiz ont été explorés en 1879 et 1881 par M. Warren Upham et plus tard par M. Robert H. Young, qui en a adressé une carte depuis les grèves Herman, dans le Dakota, jusqu'au lac Traverse. Tout le périmètre a été rélevé, sauf dans la région boisée du Minnesota. Selon toute apparence il aurait été formé par le bassin de la Rivière Rouge du nord et une partie du lac Winnipeg.

On suppose qu'il existait au nord et au nord-est une digue ou un glacier, qui a disparu, permettant à l'eau de s'échapper dans la direction de la baie d'Hudson. Les indications manquent pour établir la nature du barrage des eaux. M. Warren Upham a

(1) U. S. Geological Exploration of the fortieth parallel. Clarence King. Geologist in charge ; I. Systematic Geology. 1878.

(2) U. S. Géol. Survey, J. W. Powell. Third annual report. 1881-1882.

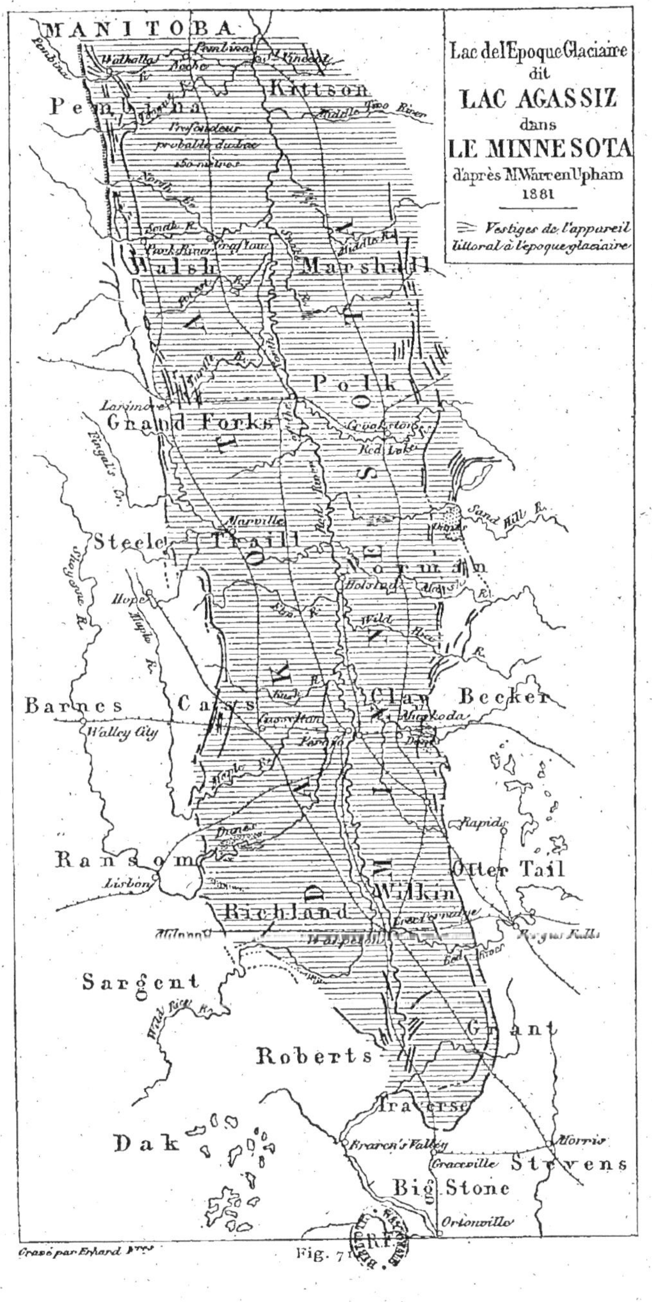

MANITOBA
Lac de l'Epoque Glaciaire
dit
LAC AGASSIZ
dans
LE MINNESOTA
d'après M.Warren Upham
1881
Vestiges de l'appareil
littoral à l'époque glaciaire
Pembina
Kittson
Walhalla
Pembina
Vincent
Profondeur
probable du lac
150 mètres
North R.
South R.
York River
Middle R.
Two River
Walsh
Marshall
Polk
Larimore
Grand Forks
Crookston
Red Lake
Fingal's Cr.
Sand Hill R.
Steele
Trail
Norman
Marville
Holstad
Hope
Sheyenne R.
Wild Rice
Barnes
Cass
Clay
Becker
Valley City
Casselton
Fargo
Muskoda
Maple
Rapids
Ransom
Otter Tail
Lisbon
Wilkin
Richland
Breckenridge
Fergus Falls
Milnor
Wahpeton
Sargent
Grant
Wild Rice R.
Roberts
Traverse
Dak
French's Valley
Morris
Graceville
Stevens
Big Stone
Ortonville
Gravé par Erhard Frères
Fig. 7

émis l'opinion que toutes les différences de niveau du lac sont le résultat de l'attraction exercée par les glaces. Au début, elle aurait été considérable, à cause de la proximité des amas glaciaires du nord-est du Minnesota et du nord de l'Amérique Anglaise; mais avec leur retrait, l'attraction a diminué graduellement et son influence a été restreinte; en conséquence le lac s'est vidé dans la mer d'Hudson (1).

M. Warren Upham désigne parmi les causes qui ont contribué au desséchement de ces mers intérieures : 1° la pesanteur des glacés sur le sol, et ensuite, son relèvement après leur disparition; 2° la contraction par le refroidissement, et plus tard, quand le climat a changé, l'expansion des roches par l'action de la chaleur; 3° des effets de transformations dont les agents sont encore inconnus.

Le fond de ces lacs serait encore soumis à l'époque contemporaine, à un mouvement persistant d'élévation. Tout le nord de l'Amérique conserve des traces grandioses de modifications survenues à la période post-glaciaire. Les recherches de la Commission géologique du Canada a amené la découverte de zoophytes fossiles, inconnus sur l'ancien continent, mais possédant une parenté avec ceux des mers du Sud (Fig. 72). On est naturellement amené à supposer que le nord de l'Amérique, avant la période glaciaire, aurait été couvert par des eaux tièdes d'une mer aux limites indéterminées, mais dont les traces laissées dans le centre du continent paraissent avoir été le dernier terme de la dépression.

Ces traces de bassins intérieurs se retrouvent aussi dans l'Amérique du Sud. A une certaine époque géologique, l'intervalle entre les deux chaines des Andes, en Bolivie, était rempli par un lac plus étendu que les grands lacs de l'Amérique du Nord. Le bassin occupé par les plaines de l'Oruro, où coule la rivière Desaguadero, représente un ancien fond de lac, dont le lac Titicaca représente la dernière dépression; on voit encore une bande d'érosion littorale de 320 kilomètres de long, profilant l'ancien contour du lac. L'altitude de la plaine est de 4000 mètres; l'exutoire parait avoir été au pied de l'Illimani, près de la ville de La Paz (2).

(1) Bull. of the U. S. Geol. Survey, No 39... Warren Upham. 1887.
(2) George Ch. Musters. Journ. of the Roy. Geogr. Society, 1876-77.

Girard, 14.

Fig. 72.

ZOOPHYTES FOSSILES
DÉCOUVERTS AU CANADA
PAR
LA COMMISSION GÉOLOGIQUE
(Musée de Montréal).

1, *Petraria Canadensis* (Billings). — 2, *Columnaria alveolata* (Goldfuss). — 3, *Stenopora fibrosa* (Goldfuss). — 4, *Stromotopora rugosa* (Hall). — 5, *Michelina convexa* (D'Orbigny). — 6, *Halmeophyllum ordinatum* (Billings). — 7, *Favistella stellata*, coupe (Hall); — 8, *Diphyphylum archiaci* (Billings). — 9, *Syringopora macluera* (Billings). — 10, *Alveolites labiosa* (Billings). — 11, *Syringopora perelegans* (Billings. — 12, *Aulopora cornucata* (Billings). — 13, *Favorites basaltica* (Goldfuss).

Les fjords et leur origine. — Un fjord est une longue et étroite échancrure qui s'avance profondément dans les côtes. Ce n'est ni

Fig. 73. — Le Sogne Fjord sur les côtes de Norwège.

une baie, ni un golfe, ni une faille, accidents du sol de la zone tempérée ; c'est une ouverture profonde dans les rochers, compliquée de bizarres ramures s'étendant au travers de toute la masse même d'un massif montagneux. En pénétrant dans les fjords, le navigateur se voit enfermé entre les parois de roches qui s'élèvent verticalement de chaque côté. L'ensemble topographique des côtes terminées par ces ouvertures figure un craquelé gigantesque ; quelques-unes, comme le Sogne-fjord, en Norwège, s'enfoncent dans l'intérieur jusqu'à 200 kilomètres de leur embouchure et leur tracé représente le squelette d'un arbre, dont le tronc serait l'artère principale et les branches figureraient les ouvertures annexes.

Le fond des fjords est presque toujours terminé par la vallée dont il est la continuation sous-marine ; au point où le sol se relève, le comblement s'opère insensiblement par la sédimentation ; là on reconnaît trois étapes successives : au premier plan, s'étalent les bancs de sable modelés par les vagues et le mouvement des eaux ; au second, les sédiments non consistants ou un marais littoral, envahi tantôt par les crues des torrents descendant des montagnes, tantôt par les hautes marées ; il représente l'état intermédiaire entre les alluvions et la grève sablonneuse ; au troisième, s'étend le terrain alluvial recouvert par les matériaux arrachés à la montagne et commençant à être recouvert par la végétation.

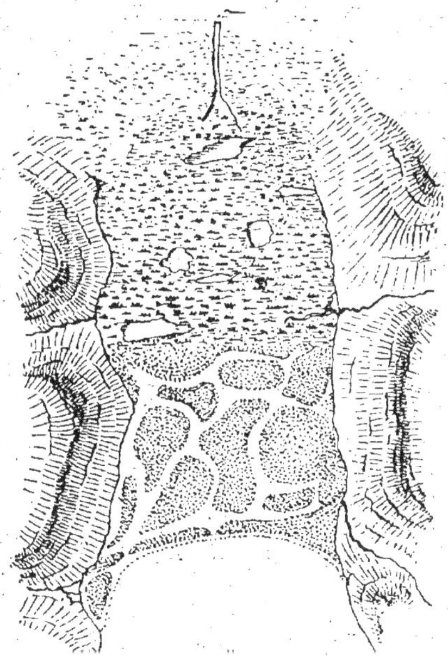

Fig. 74

Comblement progressif du fond d'un fjord.

Plusieurs explications ont été fournies sur l'origine des fjords; une des plus acceptables est d'admettre que la côte a subi un

affaissement considérable et que des nombreuses vallées y aboutissant sont devenues de profondes dépressions sous-marines.
En supposant un affaissement du massif du Mont-Blanc de
plusieurs centaines de mètres, la vallée du Rhône serait changée
en fjord, comme toutes celles qui descendent des Alpes. Ces
découpures ont été remplies par les glaciers, lesquels ont contribué à leur affaissement par le poids des glaces, jusqu'à une
autre époque, où la température s'élevant, le sol s'est exhaussé à
la suite de la fonte de ces glaces.

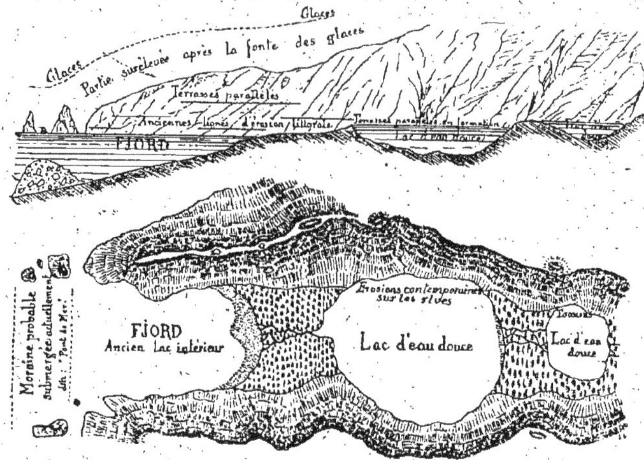

Fig. 75.

Explication de la théorie glaciaire relative aux lignes d'érosion
dans les fjords et lacs intérieurs.

Les fjords sont comparables au lit d'une rivière sortant d'un
lac qui s'emplit, si le niveau de la rivière s'élève. Ces bras étant
près de la mer, leur extrémité porte toujours des traces de terrasses ou de moraines. S'ils sont antérieures à l'époque glaciaire,
il est probable qu'ils ont été systématiquement produits par des
forces naturelles poussant les glaciers à se déverser dans les
vallées ; mais il est inexplicable de les considérer comme ayant
été creusés par les glaciers. Ceux-ci se sont retirés des vallées,
dont le fjord n'est que la continuation. Dans ces vallées il n'existe
pas de lac, ni de moraine dans le voisinage de la mer. Les bassins

lacustres sont des parties du fjord même n'ayant pas de formation séparée.

On a constaté que leur profondeur est plus grande dans la partie médiane qu'à l'embouchure ; anomalie vérifiée sur toutes les côtes de Norwège ; ainsi le fjord de Christiana a 400 mètres de profondeur à égale distance de l'entrée et du fond. Ce relèvement du sol sous-marin appelé : « pont de mer », est probablement la conséquence d'une accumulation de débris glaciaires, représentant une moraine submergée. Ce barrage sous-marin est

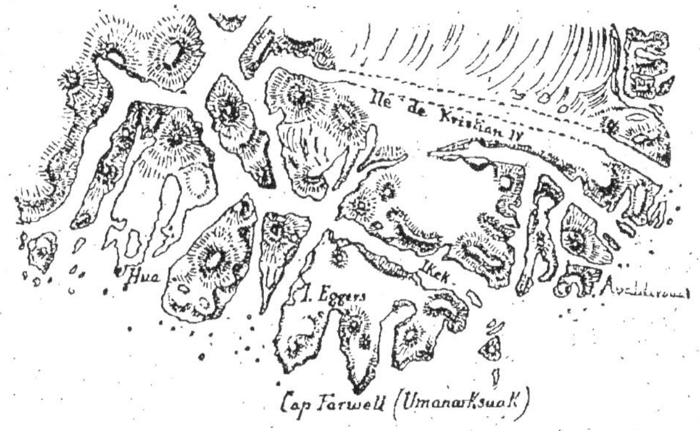

Fig. 76.
Fjords de la Pointe du Groënland (d'après F. Holm).

une des caractéristiques des fjords de toutes les régions boréales et même australes.

Les blocs erratiques, les roches striées et moutonnées, les moraines distantes des glaciers sont, avec la présence de lacs multipliés, une preuve que les fjords ne sont que d'anciennes dépressions remplies par la mer. Si, par hypothèse, le fjord d'Hardanger, en Norwège, dont la profondeur est de 800 mètres au milieu et de 350 mètres à l'entrée, s'élevait au-dessus du niveau de la mer, il représenterait un lac conservant encore au milieu une profondeur de 430 mètres et l'on y retrouverait la physionomie des vallées aboutissant à la mer (1).

(1) Amund Helland. Quaterly Journ. of the Geol. Soc. Février 1877.

On retrouve des terrasses parallèles sur les bords de tous les fjords de Norwège: elles furent mentionnées dans le principe par

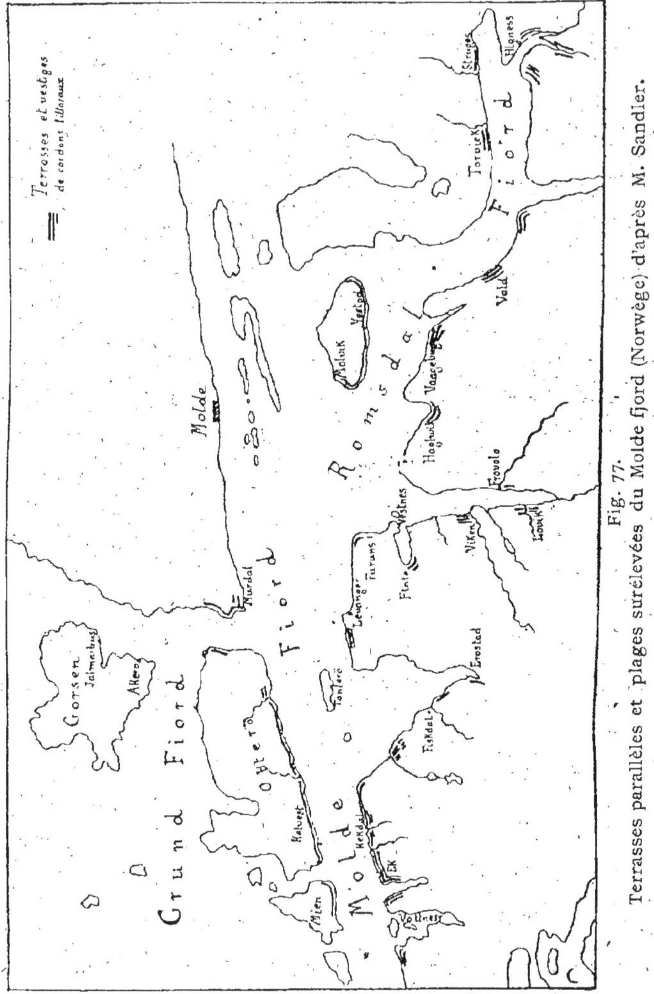

Fig. 77.

Terrasses parallèles et plages surélevées du Molde fjord (Norwège) d'après M. Sandler.

Bravais (1), qui signala dans l'Altenfjord deux terrasses, dont la

(1) Voyage en Scandinavie, I.

plus longue avait 30 kilomètres; toutes les deux n'étaient pas rigoureusement horizontales; elles se rapprochaient l'une de l'autre à mesure qu'elles étaient plus près de la mer, fait en désaccord avec le cas généralement observé. M. Sandler a relevé une partie des terrasses (strandlinen) visibles sur les bords du fjord de Molde; elles indiquent pour un seul point des côtes combien ces traces sont multipliées. On les retrouve sur les côtes du Spitzberg à des altitudes considérables, avec des ossements de cétacés et des coquillages de l'époque contemporaine.

Plusieurs géologues ne sont pas partisans de leur attribuer une origine glaciaire. Blytt fait intervenir les mouvements des eaux de la mer, qui gelées pendant les froids rigoureux, auraient effrité les roches; assertion difficile à accepter, quand elles sont situées à grande hauteur. D'autres, mettant de côté toute relation avec les époques géologiques, considèrent les terrasses comme le résultat de la désagrégation météorique d'affleurements de couches horizontales et friables.

La répartition géographique des fjords et des plages surélevées dans les deux hémisphères. — Les fjords se rencontrent rarement au-dessous du 44° de lat. N. et de la latitude correspondante dans le Sud. Toutes les régions boréales présentent des côtes frangées d'indentations telles que la Norwège, l'Islande, le Groënland, le Labrador, la Colombie britannique; elles constituent au point de vue géographique une zone d'un caractère spécial située au-delà des cercles polaires arctique et antarctique (1).

Il est à remarquer que dans l'hémisphère austral, sous les latitudes correspondantes, on retrouve la même physionomie glaciaire de littoral. A l'extrémité du continent américain dans les terres magellaniques et sur la côte du Chili, ainsi que dans la Nouvelle Zélande, ce sont les mêmes découpures, les mêmes ramifications, les mêmes fractures pénétrant dans le massif montagneux. Cet ensemble de phénomènes glaciaires dans les deux parties opposées du globe, existe avec cette seule différence que la proportion entre les terres et les mers étant moins forte dans

(1) Suess. Verh. K. K. Geol. Reichs. 1880.

l'hémisphère austral, il en résulte que les fjords ne sont répartis que sur un moins grand nombre de points et principalement sur les côtes avancées vers le pôle austral. En outre, l'absence de grands continents éloignés de ce pôle, changeant les conditions météorologiques et l'étendue considérable des mers, est défavorable à la formation des glaces, tandis que dans l'hémisphère boréal, la prédominance des deux continents donne lieu à deux centres de froid favorables aux phénomènes glaciaires.

La Terre-de-Feu consiste en un amoncellement d'archipels escarpés, séparés par des canaux étroits et profonds; un des principaux, le canal du Beagle, ressemble à une faille gigantesque, orientée de l'est à l'ouest, direction moyenne de la stratification du détroit de Magellan. Agassiz fut le premier géologue qui examina ces régions; il revint, convaincu que toute l'extrémité méridionale du continent américain, a été uniformément recouverte d'une couche de glace comme le Goënland l'est encore à l'époque actuelle. Il signale des roches striées au cap Frouart, à Snug-Harbour, à Woodbury. A Port-Galand, il a observé des blocs striés à la hau-

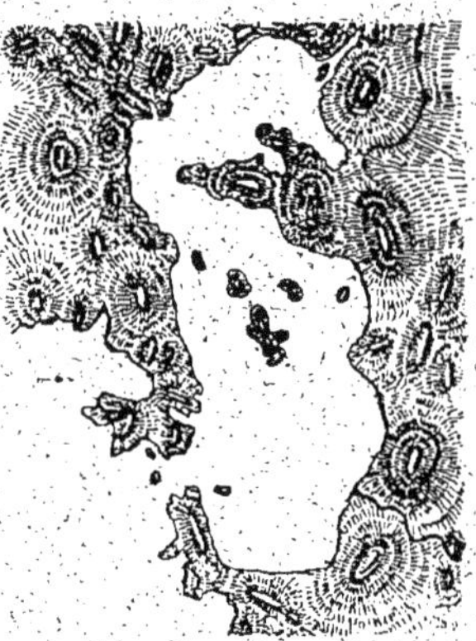

Fig. 78.
Anse Notch. Fjord du détroit de Magellan.

teur de 120 mètres. Sur toutes les côtes on retrouve des blocs erratiques et des terrasses parallèles et même un lac situé à 50 mètres d'altitude, où vivent de nombreux coquillages identiques à ceux des mers voisines.

Toutes les côtes du Chili sont découpées en fjords; on compte 120 îles dans l'archipel de Chiloë; celui des Chonos comporte aussi des labyrinthes au milieu de canaux profonds. Tous ces archipels représentant de grandes terres brisées, et séparées du littoral, s'échelonnant sur 350 kilomètres de long.

Les côtes sud-ouest de la Nouvelle-Zélande sont pareillement frangées de découpures remplies d'un côté par les eaux marines, et dans le prolongement de la vallée, par des chapelets de lacs d'eau douce comme en Norwège. Le fjord le plus septentrional,

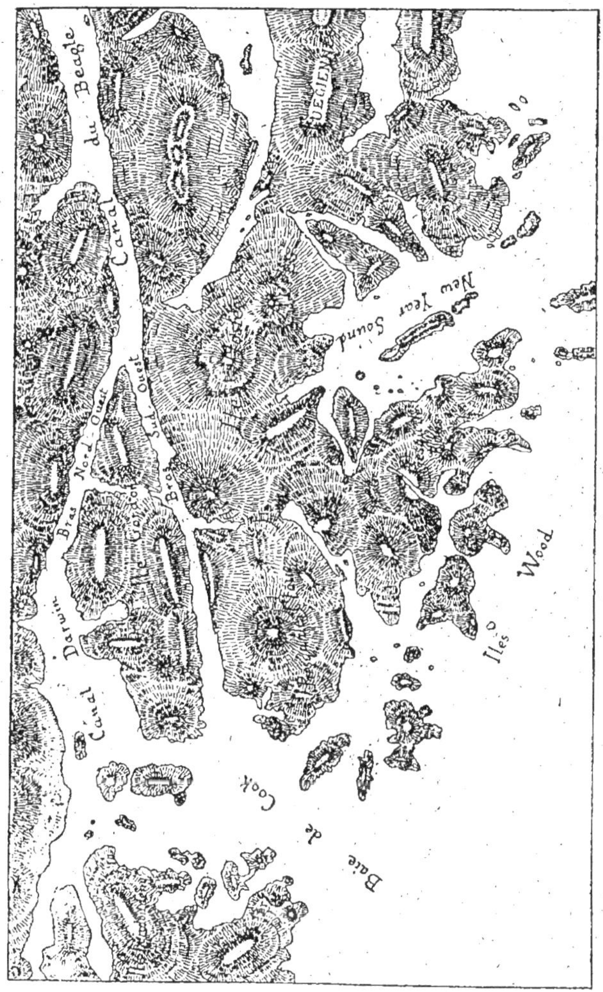

Fig. 79.
Fjords de la Terre de Feu (près du Cap Horn).

est Milford-Sound, qui, avec Breasksea-Sound et Préservation-
Inlet, enfoncent leurs profondes ramifications dans l'intérieur. Le

Dusky-Sound y pénètre jusqu'à 200 kilomètres (1). Les fjords Néo-Zélandais ont un fond dont les caractères sont pareils à ceux du nord; on y retrouve des profondeurs de 200 et 360 m. à égale distance de l'entrée et du fond; cette entrée est obstruée par un ressaut du sol sous-marin probablement couvert aussi de débris morainiques.

L'ossature du massif central des Alpes Néo-Zélandaises (2) ne s'allonge pas en chaîne, mais représente un plateau parsemé de pics élevés au milieu desquels se dresse le mont Cook (3.768 mètres). De ses pentes descendent des glaciers parmi lesquels celui de Tasman, qui a plus de 20 kilomètres de long, occupant une vallée de 3 kilomètres de large; le glacier de Cook se terminant à l'altitude de 240 mètres. D'après Green (3) tous ces glaciers seraient en voie décroissante; mais leurs lacs, leurs moraines, leurs terrasses parallèles témoignent de leur activité à une période ancienne.

Tous les fjords de la Terre de Feu sont entourés de hautes montagnes, dont plusieurs ont plus de mille mètres de haut, avec une terminaison caractéristique de pic aigu, autour duquel dérivent des pentes toujours couvertes de neige, entremêlées de massifs rocheux projetant sur le ciel leurs cimes abruptes et dentelées. Parmi les plus profondes crevasses, le New-Year-Sound s'avance de 20 milles dans l'intérieur, comme une grande baie parsemée d'îles. Ces fjords, d'une profondeur considérable, se terminent par des criques partiellement comblées, dans lesquelles on retrouve encore les traces du glacier qui remplissait sans doute tout le bassin, mais qui s'arrête actuellement à une hauteur peu considérable; leur entrée est séparée du large par un barrage qui produit un véritable rapide au moment où la mer baisse; il représente aussi le pont-de-mer caractéristique de tous les fjords. On assiste sur ces côtes à des phénomènes capitaux pour la géologie en général; les terres sont dans une période de soulèvement graduel et les glaciers se retirent d'une manière sensible (4).

(1) Von Landenfeld, Deutsch Rendchan, avril 1888.
(2) Traité des formations quaternaires.
(3) The High Alps of New-Zeland.
(4) Hyades. Mission scientifique au cap Horn. 1882-1883. T. IV. Géologie.

Traces glaciaires sur les côtes septentrionales de l'Europe. — Les glaciers ont laissé sur les côtes de l'hémisphère nord des empreintes d'un séjour prolongé pendant lequel elles ont subi de profonds changements. La Suède, la Norwège, le Finlande, certaines parties de la Russie en conservent des traces nombreuses.

La Finlande est recouvert de lacs d'eau douce tellement disséminés qu'ils se confondent avec les limites de la mer. Son nom est dérivé de *Fen*, marais ; en finnois : Suomenmaa ; la surface lacustre occupe le huitième du sol ; aussi on l'a surnommé : le pays des mille lacs. Sur une surface totale de 375.000 kilomètres carrés, 45.000 sont occupés par les lacs et 75.000 par les tourbières (1). « C'est un perpétuel chaos, un inextricable labyrinthe ; ici, on se croirait sur un grand fleuve aux berges abruptes ; là, sur un lac immense perdu au milieu d'un parc, tant les perspectives sont pittoresquement ménagées. De quelque côté que se porte le regard, on n'aperçoit aucune issue. On s'imaginerait être bien avant dans l'intérieur, à mille lieues de la mer... Ailleurs la vue est bornée par une épaisse forêt de sapins : à droite, au contraire, entre les îles clair-semées, la nappe d'eau s'étend jusqu'à l'horizon ; et l'on se demande : où est la mer, où est le continent ? » (2). La Finlande conserve de nombreux blocs erratiques et la région semi montagneuse située entre le bassin de la mer Blanche et celui du Volga sont empreints de traces glaciaires. Si les recherches conchyliologiques opérées dans ses innombrables lacs, n'ont pas indiqué le séjour de la mer, on voit cependant de gros pins et des chênes très âgés portant des traces du séjour dans l'eau salée. On y voit aussi au lac Nyslott, près des bords de la Saïma et au lac Sog des digues de sable, soit d'origine marine, ou glaciaire (3).

La plupart des îles de la Baltique portent aussi des traces glaciaires récentes. Le professeur R. Credner a déterminé le passage des glaces à l'île Bornholm et la direction des stries laissées sur 72 roches différentes (4).

(1) Ignatius. Le grand duché de Finlande.
(2) Maurice Biollay. Bull. de la Soc. de Géogr. 3ᵉ trim. 1882.
(3) Andreyev. Le Lac Ladoga. Texte russe.
(4) Jahr. der Geog. Gesselschaft zu Griefswald, 1889-1890.

Toute la Russie septentrionale a été recouverte par les glaces, depuis la Pologne jusqu'à la mer de Kara et les blocs erratiques témoignent le passage des glaces flottantes; puis, toute la contrée paraît avoir été recouverte de lacs d'eau douce, comme l'est encore le versant suédois de la péninsule scandinave (1).

Le sud de la Suède est parsemé de collines de sable d'une altitude maximum de 50 mètres, nommées *Sand asar;* orientées du nord au sud, parallèlement à l'axe de la Baltique, n'ayant d'autre caractère sous l'épaisse couche d'humus qui les recouvre, qu'un amoncellement de sable et de cailloux roulés. Un géologue suédois, M. Axel Erdmann, les considère comme ayant été voisins de la côte à la fin de l'époque glaciaire où le niveau de la Baltique était inférieur à celui qu'il occupe actuellement; ensuite il se serait élevé, puis enfin, abaissé de nouveau. Pendant ces oscillations les rivages auraient varié, et durant ces périodes d'évolutions indéterminées, le flot battant la côte aurait converti les débris glaciaires en galets; plus tard, ce même flot les aurait revêtus d'une couche de sable. Pendant cette dernière phase le niveau de la mer aurait encore baissé; puis après un temps de repos, un nouvel appareil littoral se serait formé non loin du bord de la mer (2).

Cette théorie, partiellement satisfaisante, a été complétée par M. Tœrbœhn qui considère les asars comme étant tantôt des vestiges directs de l'appareil littoral, tantôt le lit desséché d'anciens torrents glaciaires, près duquel le sol aurait été couvert de sable. A une époque postérieure, la température s'élevant, entraîna la fonte des glaces, et les torrents qui en furent la conséquence, auraient abandonné les cailloux roulés et les auraient recouverts de sable. Enfin, à une époque plus rapprochée, après affaissement du sol, la mer, envahissant les vallées, aurait entraîné les sables qui les remplissaient. La chaîne des collines, étant alors recouverte par les eaux marines, les bancs de sables se seraient formés en eau profonde, sans être détruits par les vagues; à une autre élévation du sol, les asars auraient fini par reparaître suivant les vallées.

(1) Archibald Geikie. Proceedings of the R. G. Soc. 1879. N° VI.
(2) Geologiska farenningen i Stockholm forhandlingaz, 1872.

On retrouve en Ecosse les principaux caractères des côtes scandinaves, mais adoucis dans leurs contours. Son sol aurait subi des variations à une époque plus froide précédant l'époque actuelle, si l'on en juge d'après les coquillages appartenant à une faune plus septentrionale que celle des mers les baignant actuellement. Dans les *Highlands*, les roches striées sont fréquentes et M. A. Geikie a démontré que les grands glaciers du nord occupaient la vallée de Strathmore, débordant les massifs des Ochils et des Sidlaws, pour s'épancher dans le bassin du Forth. Dans les *Lowlands* on retrouve des débris et des coquilles appartenant aux types arctiques.

Les terrasses ou «routes parallèles» de Glen Roy, dans l'ouest de l'Ecosse, au pied du Ben-Nevis, représentent le type classique des traces des lacs glaciaires : autour de la vallée, sur une longueur de 16 kilomètres, entre les Loch Loggoan et le Loch Lochy, à une altitude de 420 mètres, ces terrasses formant des zones parallèles équidistantes pourtournant les flancs des collines, comme des routes superposées ; leur largeur varie de 3 à 10 m. Les recherches de fossiles n'ont abouti à aucun résultat pouvant indiquer la présence des eaux qui devaient remplir le lac glaciaire.

Ces terrains ont été l'objet des commentaires des plus éminents géologues : Agassiz, C. Lyell, G. Jeffreys, Jamieson ; ils ont admis l'existence du barrage de la vallée par un glacier dont l'importance aurait été successivement amoindrie par la fusion. La plus ancienne terrasse d'érosion correspond naturellement au niveau supérieur ; au moment où les eaux remplissaient non-seulement la vallée de Glen Roy, mais les vallées voisines. Plus tard, avec l'élévation de la température, l'obstacle glaciaire disparut et les eaux s'échappèrent.

Les côtes opposées de l'Ecosse ont chacune une physionomie différente ; celles de l'ouest, faisant face à l'Atlantique, plus humides que celles de l'est, sont découpées de fjords atténués ou de *lochs* ressemblant en de moindres proportions à ceux de la Norwège. Celles de l'est ont leurs contours moins abrupts, et ont certains rapports avec les côtes de la Suède, adoucies par le travail de la sédimentation. Le vent qui traverse l'Atlantique, chargé d'humidité, a entretenu les neiges nécessaires à la conservation des glaciers et par conséquent aux phénomènes qui en résultent. Sur la côte opposée, l'atmosphère étant plus sèche, les bassins s'avançant vers la mer ont été comblés et en même temps les contours du littoral remaniés.

La cause de l'extension des glaciers est intimement liée aux circonstances météorologiques. M. A. de Lapparent admet l'ouverture de l'Atlantique vers les régions arctiques. ce qui aurait influé sur la direction des courants aériens, ainsi que sur la richesse en humidité, déterminant des précipitations atmosphériques abondantes (1). Cette ouverture entre l'Ecosse et la Péninsule scandinave aurait apporté des régions tropicales une dose d'humidité que le voisinage des continents de l'Europe et des Etats-Unis ne permettent pas de conserver. Le relief des terres préexistantes a dû varier plusieurs fois à la suite d'une série d'exhaussements locaux et momentanés.

Les indices de dénivellation littorale et de contraction de l'écorce terrestre. — L'examen méthodique des formations sédimentaires au bord de la mer indique, en plus de l'érosion et des alluvions, une succession de mouvements complexes et répétés; il prouve qu'à la suite des événements survenus dans la constitution de chaque partie de l'écorce terrestre, elle n'est parvenue à son état actuel qu'après avoir traversé une série indéfinie d'évolutions. Celles-ci démontrent que les terrains dont la constitution est variée, se sont élevés, pendant que les bassins des mers se sont affaissés. Ces transformations se sont-elles accomplies à une époque reculée? sont-elles suspendues actuellement? ou se poursuivent-elles dans les mêmes conditions?

Pour y répondre, on s'est attaché à la discussion des plantes et des animaux fossiles, considérés comme étant nés dans des conditions comparables à celles du milieu propre à leur existence dans la période contemporaine. Mais cette relation, spécieuse dans son principe, doit conduire à des erreurs d'interprétation; car il est inadmissible que les conditions d'existence aient pu être modifiées dans des proportions indéterminables. Si dans certaines acceptions les analogies sont fondées, il n'en est pas de

(1) Les causes d'extension des glaciers. Revue des questions scientif. Octobre 1893.

même dans les autres, où les éléments incomplets dont on dis-
pose, n'offrent pas une correction suffisante pour servir de base
à un système absolu. Aussi doit-on ne les accepter qu'avec réserve
et rechercher des arguments mieux établis dans l'observation
des phénomènes contemporains.

On observe sur beaucoup de côtes des plages surélevées qui
paraissent être des témoignages d'un soulèvement de la terre
au-dessus du niveau moyen. Lyell les considéra comme la
conséquence de mouvements indéfinis et sans causes apparentes,
mais relatifs à la contraction de l'écorce terrestre. En établissant
le caractère topographique de ces plages surélevées, dégagé de
phénomènes érosifs et alluviaux, on y voit des exemples quelquefois incomplets, mais traçant les alternatives de dénivellation
soit du sol, soit de la mer.

Le niveau de la mer est relatif, puisqu'il n'a rien de constant
sur les côtes, ou vraisemblablement il peut varier dans chaque
localité sous l'influence de la conformation littorale. Cependant,
à l'aide des données fournies par les marégraphes et les calculs
des moyennes on obtient un niveau moyen ; mathématiquement
ce serait une moyenne de toutes les hauteurs relevées de quart
d'heure en quart d'heure, résultat fourni par les intégrales de la
courbe tracée par le marégraphe. En établissant les termes de
comparaison avec plusieurs séries annuelles, on parvient à
trouver une indication sur la position relative du sol avec le
niveau de la mer. M. Bouquet de la Grye l'a ainsi établie par
la résolution d'équations nombreuses, en évaluant les correc-
tions différentes de toutes les ondes et tous les termes de la
correction. Il obtint ainsi une série de chiffres représentant
le niveau moyen de trois points différents sur les côtes de
France : Brest, Cherbourg et Le Hâvre. Les résultats ont été
pour le Hâvre un affaissement annuel de deux millimètres et pour
Cherbourg d'un millimètre. La stabilité de Brest presqu'absolue
est attribuable au terrain granitique sur lequel le marégraphe est
fondé. M. Bouquet de la Grye a aussi cherché les moyens d'évaluer les écarts antérieurs à ce tracé, pensant qu'il devait être
d'autant plus accentué, qu'il se trouvait plus éloigné. Il a comparé les observations remontant à 1834, par Beautemps-Beaupré ;
rapportées à la même formule, elles ont indiqué un affaissement

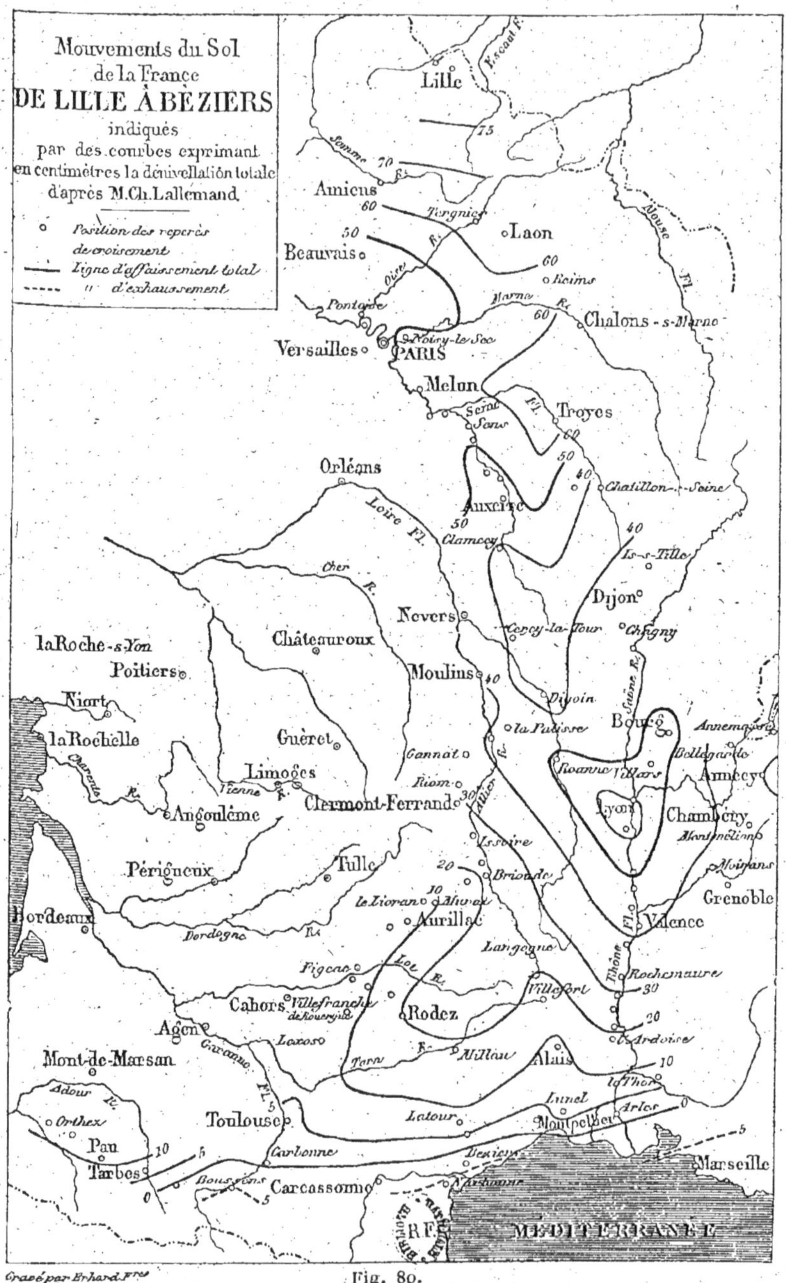

Mouvements du Sol
de la France
DE LILLE À BÉZIERS
indiqués
par des courbes exprimant
en centimètres la dénivellation totale
d'après M.Ch.Lallemand
Position des repères
de croisement
Ligne d'affaissement total
"   d'exhaussement
Lille
Somme
Amiens
Tergnier
Laon
Beauvais
Reims
Oise
Pontoise
Marne
Chalons-s-Marne
Versailles
Noisy-le-Sec
PARIS
Melun
Sénat
Sens
Troyes
Orléans
Loire Fl.
Auxerre
Clamecy
Chatillon-s-Seine
Is-s-Tille
Cher
Nevers
Dijon
laRoche-s-Yon
Châteauroux
Cercy-la-Tour
Chagny
Poitiers
Moulins
Niort
Digoin
Bourg
Annemasse
laRochelle
la Palisse
Bellegarde
Guéret
Charente
Roanne Villars
Annecy
Limoges
Riom
Lyon
Chambéry
Vienne
Clermont-Ferrand
Allier
Montmélian
Angoulême
Issoire
Moirans
Périgueux
Tulle
Brioude
Grenoble
le Lioran
Murat
Valence
Bordeaux
Dordogne
Aurillac
Langogne
Rhône Fl.
Figeac
Lot
Rochemaure
Villefort
Cahors
Villefranche
de Rouergue
Rodez
la Ardoise
Agen
Laxoso
Garonne
Millau
Alais
le Thor
Mont-de-Marsan
Tarn
Lunel
Arles
Adour
Latour
Montpellier
Orthez
Toulouse
Pau
Carbonne
Beziers
Marseille
Tarbes
Boussens
Carcassonne
Narbonne
MÉDITERRANÉE
R.F.
75
70
60
50
60
60
50
40
40
50
40
40
30
20
10
30
20
10
0
5
10
5
0
5
Gravé par Erhard Frs
Fig. 80.
Girard. 15

qui atteindrait 5 millimètres. S'il en était ainsi, le chiffre d'affaissement annuel du sol du Hâvre devrait être supérieur à 2 millimètres, tout en tenant compte de sa situation à l'embouchure de la Seine, où les perturbations des marées augmentent l'amplitude des écarts.

Le contrôle le plus concluant sur les mouvements de l'écorce terrestre serait la comparaison d'un nivellement de précision, rapporté à une opération d'ensemble exécutée à une époque antérieure. S'il pouvait être assez précis pour qu'il n'y ait pas de doute sur la position respective des points de comparaison, on posséderait un document de haute valeur.

M. Ch. Lallemand, secrétaire du nivellement général de France, a recherché ces mouvements généraux en rapprochant les altitudes anciennes et nouvelles des repères communs au nouveau réseau et à l'ancien réseau de Bourdaloue. D'après la carte résumant les opérations conformément au tracé du colonel Goulier, « on constate une discordance qui, avec quelques alternatives en croissant du sud au nord, depuis Marseille, où elle est simplement égale à la différence des plans de comparaisons des deux réseaux ($0^m,07$ mill.) jusqu'à Lille où elle atteint $0^m,78^c$ ». Ces résultats se rapportent à la comparaison établie entre la période 1857-83 et celle de 1884-87.

Cette allure relativement régulière parait difficilement attribuable à des erreurs accidentelles de l'une ou de l'autre opération ; « à moins d'erreurs systématiques inconnues, les écarts en question tiendraient plutôt au moins en partie à des mouvements du sol dans l'intervalle d'environ 25 ans qui s'est écoulé entre les deux nivellements ».

Afin d'obtenir un résultat rigoureux, et que cette différence ne puisse être attribuée à l'incorrection des opérations, toutes les positions originales ont été discutées. On n'a relevé que des erreurs dues à un léger excès des mires du mètre légal. A moins que l'écart trouvé entre les deux nivellements ait été la conséquence de phénomènes irréguliers et encore mal déterminés dus à l'attraction, observée dans plusieurs nivellements géodésiques, surtout dans les régions montagneuses, on aurait constaté une dépression sensible à la surface du sol français.

La croûte terrestre composée de matériaux divers n'est pas

insensible aux influences thermiques ; les alternatives de froid et de chaud provoquent une certaine dilatation. Les expériences faites par M. Plantamour, à Sécheron, ont démontré les variations de points mathématiquement déterminés ; elles ont été exécutées sur une colline voisine de l'observatoire pendant une période de douze ans. Celles-ci autorisent à conclure qu'un changement brusque de température en plus ou en moins amène au moment même une élévation ou un abaissement du sol ; quoique le minimum et maximum de variation ne concordât pas d'une façon absolue avec ceux de la température, l'auteur admet que l'action régulière de la température est influencée par un effet concomittant contrariant cette action.

Des études analogues ont été entreprises par M. Hirsch, à Neufchatel, au moyen desquelles il a constaté que la colline du Mail, dans une série de 6.000 observations pendant 23 ans, sur laquelle est fondé l'Observatoire, a accompli une oscillation régulière de l'Est à l'Ouest en été et de l'Ouest à l'Est en hiver ; l'oscillation autour de la verticale est d'environ 24″ par an.

Ces constatations de dilatation superficielle ont une certaine relation avec la théorie de M. Erick de Drygalski, basée sur les contractions provenant de l'état thermique des roches couvertes de glace. Si la terre revêtue de glaces se trouve débarrassée par la fusion, les couches superficielles se réchaufferont à un air plus chaud et subiront une augmentation de volume d'autant plus considérable que la masse de glace qu'elle supporte était plus épaisse. Le sol se gonflant, le niveau baigné par la mer, muni de témoignage d'érosion ou de fossiles, donne lieu aux plages surélevées ou terrasses parallèles.

Il n'est même pas nécessaire de faire intervenir les agents glaciaires, puisque les roches sont par elles-mêmes de nature dilatable : ne le seraient-elles, comme comparaison, qu'au même degré que le verre, un des corps les moins sujet à l'expansion, son coefficient de dilatation suffirait pour expliquer l'expansion ou le retrait des masses rocheuses se produisant sur des longueurs considérables, et finit par amener des déformations insensibles, sous l'influence des agents extérieurs, tels que le froid et la chaleur, et même aussi sous celle des agents intérieurs imparfaitement connus.

Les dépressions ou mouvements de bas en haut dans l'épaisseur des roches sédimentaires laissent des traces de l'action mécanique des mouvements qu'elles ont subis par les cassures ou lithoclases, faciles à voir dans toutes les exploitations de pierre calcaire. Ces joints de rupture qui s'étendent dans toutes la masse stratifiée, doivent leur origine à une poussée de bas en haut, ou à un affaissement, comparable au jeu des voussoirs d'une voûte cédant à un effort. Lorsque les couches ont été soumises à une simple flexion, les cassures se traduisent par une série de lignes conservant un certain parallélisme dans la direction moyenne. Tout ce craquelé s'est produit dans une masse rigide sous l'influence d'une contraction.

Ces quelques renseignements épars laissent pressentir des mouvements d'une extrême lenteur, mais puissants. Si la géologie a démontré que le présent de la terre est une conséquence de son passé et que la terre a été modifiée par les mouvements des eaux, les études de l'avenir indiqueront avec plus d'autorité, comment ces évolutions se poursuivent sans interruption au milieu de l'immense labeur de la création.

Fig. 81.

TABLE DES MATIÈRES

Imprimerie Le Bigot frères, 25, rue Nicolas-Leblanc. — Lille.

www.ingramcontent.com/pod-product-compliance
Ingram Content Group UK Ltd.
Pitfield, Milton Keynes, MK11 3LW, UK
UKHW021900070726
13613UKWH00001B/243